JORNADAS pelo mundo da CURA

Obras do
Dr. José Maria Campos (Clemente):

PLANTAS QUE AJUDAM O HOMEM
Guia prático para a época atual
(1991 — em co-autoria)

GUIA PRÁTICO DE TERAPÊUTICA EXTERNA
Métodos e procedimentos terapêuticos de grande simplicidade e eficácia
(1993)

O ETERNO PLANTIO
Um reencontro da Medicina com a Natureza
(1994)

CURAS PELA QUÍMICA OCULTA
Realidades suprafísicas na Medicina
(1994)

JORNADAS PELO MUNDO DA CURA
(1996)

EDITORAS

Cultrix/Pensamento
São Paulo — Brasil

Errepar S.A.
Buenos Aires — Argentina

Dr. José Maria Campos
(Clemente)

JORNADAS pelo mundo da CURA

Cultrix / Pensamento
São Paulo

Os recursos gerados pelos direitos autorais dos livros do Dr. José Maria Campos (Clemente) são revertidos em trabalhos de pesquisa sem fins lucrativos e que não se vinculam a instituições, organizações, seitas ou entidades de qualquer tipo.

Ilustrações internas:

Arcelino Julio

Capa:

Teresa Schlosser

Edição	Ano
2-3-4-5-6-7-8-9-10	96-97-98-99

EDITORA PENSAMENTO LTDA.

Rua Dr. Mário Vicente, 374 - CEP 04270-000 - São Paulo, SP - Brasil

Fone: 272-1399

Impresso em nossas oficinas gráficas.

Sumário

Introdução 9

Parte 1
Iniciando as jornadas

Abundância na harmonia 13
Caminhar segundo a lei do amor 15
Renovar a coligação com o mundo interior 17
Realizar a cura em si mesmo 19
Corrente infinita de vida 21
Consagração 24
Fogo ardente 27

Parte 2
Penetrando mistérios da criação

Os sonhos na cura 31
Mundos de pura luz 34
Aos que nada querem, os maiores tesouros 36
Abrir-se à vida em outros planos 38
Tonambur: a regeneração do pâncreas 40
Tonambur: a reconstrução de padrões energéticos 46

Parte 3
Sutilizando a matéria

O serviço espiritual na cura 51
Phoranna: a transmutação das forças de inércia 54
Phorannia: a decisão para romper com a inércia 60
Plummel: a dissolução da tendência à esclerose 64

Parte 4
Liberando o ser

A ação purificadora da luz 69
Aprender com as oportunidades 73
Retomar o caminho 75
Luz tecida na matéria 78
O sentido do sagrado 81

Parte 5
Avançando sempre

Essência de poncã: a dissolução da enxaqueca 85
Essência de poncã: a restauração da rede vascular 93
Essência de rosmarinho: o apoio à dinâmica cardíaca 96
Pelargônio: a liberação da asma 99
Polyanthes: a sublimação da energia sexual masculina 103
Datura: a sublimação da energia sexual feminina 111

Parte 6
Reencontrando a luz

Olhos, janelas da alma 117
Compressa regeneradora dos olhos 119
Exercícios de alongamento da musculatura ocular 121
Carbolyc: dissolução do medo 126

Uma nova oportunidade ... 130
Ampliações no trabalho de cura ... 133
O nível S4: transpor as fronteiras da matéria ... 136
Distribuição gratuita de medicamentos ... 147

Apêndice
Aprofundando descobertas

Os nutrientes vegetais ... 151
Nutriente Vegetal 4:
Okara, o poder de plasmar a forma ... 152
Nutriente Vegetal 5:
Rosmarinho, o poder de despertar fogos vegetais ... 154
Nutriente Vegetal 6:
O poder da semente, síntese da vida ... 155
Nutriente Vegetal 7:
Urucum, o poder do ferro vegetabilizado ... 158
Nutriente Vegetal 8:
Jatobá, o poder nutritivo;
tangerina poncã, o poder dissolvente ... 161
Minerais vegetabilizados: uma alquimia vegetal ... 165
Alfafa/Silimel:
O poder mineral de cura ... 166
Helianthus/Silimel:
O poder mineral de luz ... 169
Napus/Silimel:
O poder mineral de vida ... 170

Quadros sinóticos dos medicamentos

Observações preliminares ... 175
Alfafa / Silimel ... 176
Anccor ... 178
Argila / Persicária ... 179

Baccharis / Chamomila 181
Chá Regenerador dos olhos 182
Chá Triflores 185
Datura 187
Dermaton 188
Helianthus / Silimel 190
Lepdon 191
Lepidium / Nasturtium 192
Litolítica 193
Myoton 195
Napus / Silimel 197
Nicotiana TM 198
Pelargônio 200
Phoranna 204
Phorannia 206
Pirita / Persicária 207
Plummel 208
Polyanthes 210
Poncã (essência) 211
Rosmarinho (essência) 213
Tonambur 214
Uru-Vita 215

Síntese das qualidades sutis dos produtos 217

Identificação botânica das plantas 225

Índice geral de sintomas, doenças e seus tratamentos 251

Índice remissivo 257

Introdução

Estas jornadas pelo mundo da cura são parte da jornada de toda a criação, a da Vida que ao entrar nos planos materiais é camuflada pela diversidade e pela transitoriedade da forma. São também parte da jornada da humanidade, que tem o potencial de conscientemente reconhecer seu verdadeiro papel, mas que se encontra desnorteada, esquecida de sua origem e de sua meta. São jornadas sem tempo nem espaço.

Que é a cura senão relembrar que vimos ao mundo material para realizar certa tarefa e que nele sempre encontramos o que é necessário para cumpri-la?

De posse do livre-arbítrio, o ser humano busca dirigir-se para onde lhe apraz, imaginando que a satisfação de desejos o deixará pleno e realizado. Passa assim por muitas dores e angústias. E, mesmo nos momentos em que parece ter tudo, sente-se vazio, falta-lhe sempre algo.

Então, em algum ponto do caminho, ele percebe que seu vazio não pode ser preenchido pela satisfação de outro desejo. É quando, de forma consciente, dá início à sua trajetória em direção à cura: já sabe que a solução para o sofrimento é outra, ainda desconhecida, mas indubitavelmente outra. Passa a ler os sinais que a Vida lhe apresenta para descobrir essa solução e, a partir daí, tudo o que lhe acontece assume significado. Começa a querer saber que experiência a Vida está fazendo nele e coloca a sua vontade a serviço dessa experiência.

Aos poucos, vai-se liberando do que adquiriu no decorrer da luta entre o que pensava querer e o que a Vida queria dele. Os véus que o cegavam vão-se abrindo lentamente, e ele se põe a enxergar o que sempre esteve e sempre estará bem próximo de si. Acha o fio que o conduz de um sinal a outro.

Neste livro, JORNADAS PELO MUNDO DA CURA, essa trajetória é inserida no tempo e no espaço, embora seu início e seu fim sejam intemporais. Em alguns momentos é a história do autor, em outros a do grupo com que ele trabalha. Dando continuidade às suas obras anteriores, O ETERNO PLANTIO e CURAS PELA QUÍMICA OCULTA, aborda a medicina, os vegetais e os minerais, os medicamentos, as pessoas que os elaboram, as que colaboram com a cura e as que precisam ser curadas. Descreve pesquisas e descobertas em meio a reflexões, sonhos e depoimentos. Vêem-se nele retratados os mais diversos pontos desse caminho, e também manifestações claras de como se deixar levar pela corrente da Vida, tendo como bússola o propósito de servir à Vontade Única, de tornar-se aquilo para que foi criado.

Que este livro possa ser, para os que buscam maior significado em seu modo de viver e em suas atividades terapêuticas, um estímulo para lidar com a matéria física de um ponto de vista sutil — são os mais sinceros votos do autor.

Parte 1

Iniciando as jornadas

Quando decidimos avançar, a atração do passado já não nos pode reter.

Abundância na harmonia

No trabalho que desenvolvemos em grupo em uma fazenda no interior do país, fomos percebendo as inumeráveis graças e bênçãos que recebíamos continuamente. Contrapondo-se à grande carência e miséria que se vêem pelo mundo, nada ali jamais nos faltou. Sabemos ser esse o fruto de procurarmos viver segundo as leis espirituais, pois desde que se estabeleça a sintonia com a Fonte da Vida as necessidades são sempre supridas.

Tal fato decorre da relação entre leis espirituais que atuam de forma complementar em todos os níveis da existência, do mais sutil ao mais concreto. Conforme essas leis, uma necessidade real atrai por afinidade os elementos para supri-la.

Certa madrugada, estando semidesperto, fui esclarecido de forma simbólica sobre essas leis, por meio de uma pequena "história" que de modo espontâneo se delineou em minha mente.

> *Um peregrino caminhava havia dias, solitário e ágil, por uma região desértica. Ao final de longo percurso, procurava um lugar onde pudesse pernoitar, abrigado do vento frio que solapava as noites naquela região inóspita e protegido contra eventuais ataques noturnos dos animais que por ali transitavam. Precisava repousar e alimentar o corpo para prosseguir viagem.*

Foi então que um ser invisível que o acompanhava pegou um pequeno graveto no chão e fez com ele alguns desenhos incompreensíveis na areia solta e fina. Quase instantaneamente materializou-se, logo à frente, um pequeno nicho entre rochas.

Pouco depois chegou o peregrino, surpreso por encontrar tão inesperado abrigo e grato por poder recolher-se ali, ante a noite que já se aproximava. Comeu frugal e reverentemente, acomodou-se na areia macia e dormiu logo, um sono profundo e regenerador. Na manhã seguinte, levantou-se cedo e partiu ligeiro.

No final do mesmo dia chegou um andarilho àquele lugar. Buscava também um abrigo onde passar a noite. Ao ver o que estava disponível, olhou em volta detidamente, procurando algo melhor, não muito satisfeito com o que encontrara. E, nesse exato momento, aquele nicho de rochas desmaterializou-se e tudo ficou novamente árido ante seus olhos atônitos.

Quando há harmonia com a Fonte da Vida, a abundância se faz. A limitação humana, no entanto, pode levar esse poderoso e magno circuito das leis espirituais a usar às vezes expedientes severos para propiciar certas aprendizagens. Nada impede a atuação dessas leis, que visam assistir sempre e de imediato a todos de acordo com a necessidade, seja ela qual for.

Caminhar segundo a lei do amor

Em muitos momentos decisivos nos encontramos em situações em que, embora o passado e o que estamos vivendo não nos correspondam mais, nada se descortina para nós.

Esse descompasso diz respeito às pessoas com as quais convivemos, aos grupos a que pertencemos, assim como aos trabalhos que realizamos. Algumas vezes pode ser apenas um comportamento ou um sentimento que precisa ser modificado; outras vezes, situações, tarefas ou relações que precisam ser encerradas. Enfim, tudo cumpre ciclos.

Experimentamos então muitas pequenas mortes, pequenas transições de um estado a outro. Ficamos sabendo que o caminho continua sempre, e que o horizonte se amplia. Mas é só ao darmos um passo que o próximo se revela.

No grupo de trabalho ao qual me uni por uma meta espiritual comum, a todo momento temos esse aprendizado. Continuamente somos convocados pela vida a deixar o ponto a que chegamos. Vêm as provas e com elas a certeza de que receberemos o que for preciso para o cumprimento de nossas tarefas — as respostas às questões práticas do dia-a-dia, o aquietamento das dúvidas, o suprimento das necessidades básicas, a serenidade interior. De alguma forma reconhecemos os sinais que nos chegam, percebidos ora por um de nós, ora por outro, ora por vários ao mesmo tempo.

Nesta Terra as forças da inércia e as ilusões são ainda muito poderosas, fazendo com que grande número de indivíduos, potencialmente aptos e internamente predestinados a assumir tarefas essenciais ao bem de todos, se desvie delas para cuidar de coisas que, do ponto de vista da evolução da humanidade e do planeta, carecem de sentido e de serventia. Conforme o ensinamento, a seara é imensa e os operários escassos; muitos são os chamados, e poucos os escolhidos. Conscientes disso, procurávamos cumprir a parte que nos cabia, disponíveis para ir ao encontro do que nos fosse indicado fazer.

Existe uma etapa na nossa evolução em que as tarefas que assumimos estão entretecidas no carma[1] e devem ser realizadas compulsoriamente. À medida que nossos compromissos cármicos vão sendo liberados, tornamo-nos aptos para a etapa seguinte, em que recebemos novas tarefas e as assumimos livremente pela lei do amor. Isso produz considerável ampliação em nosso campo de serviço, proporciona-nos maiores responsabilidades e impulsos mais potentes para a evolução.

Em determinado momento do caminho, por meio de sonhos e percepções internas, fui compreendendo que certas situações cármicas se tinham desprendido do meu ser, deixando-me mais livre para as tarefas que me corresponderiam dali por diante. Ao ter confirmação disso, invadiu-me um sentimento de gratidão e reverência profundo, que por longo tempo me acompanhou.

---

[1] **Carma**. Lei de causa e efeito, segundo a qual toda ação fundamentada em energias dos planos materiais produz uma reação que retorna a quem a gerou.

Renovar a coligação com o mundo interior

Quando há em nós disposição sadia e sincera para nos transformar, podemos receber instruções de núcleos de consciência internos. O mais importante é que não tenhamos expectativa alguma por nada, pois isso bloquearia o verdadeiro fluir da energia que se expressa pelo mecanismo usado para captar essas instruções. Em nós deve existir apenas a aspiração a servir e a corresponder incondicionalmente à Vontade Superior que existe no centro do nosso ser. Essa captação pode, às vezes, vir como a percepção de uma imagem que brota rápida e instantaneamente na consciência externa. Foi assim que, numa madrugada, vi com os olhos internos um quadro: uma cadeira vazia em frente a uma mesa (esta não era propriamente vista, mas apenas pressentida), móveis semelhantes aos que usávamos em um dos nossos locais de trabalho.

Pude compreender, ajudado pela energia presente nessa imagem singela, que estávamos saindo da fase de implantação de nossas tarefas práticas e entrando em uma etapa de consolidação e aprofundamento delas. Éramos levados por fortes impulsos a atualizar e reorganizar toda a infra-estrutura material conforme a necessidade dessa nova etapa, e recebíamos apoios valiosos de várias pessoas atraídas internamente para colaborar conosco nessa renovação.

A fase que então se encerrava havia produzido muitos frutos visíveis, alguns deles expressos nos livros[1] que acabáramos de escrever. O último livro ainda não estava editado e os impulsos dessa nova fase já se deixavam antever, ampliando o serviço externo que prestávamos no campo da cura e o trabalho de pesquisas ligadas a esse setor.

A nova etapa exigiria de nós maior entrega e disponibilidade, pois as necessidades externas se avolumavam e os servidores eram proporcionalmente poucos. Muitos que internamente tinham sido chamados a participar não haviam respondido e, assim, tínhamos de acumular, às próprias tarefas, as dos ausentes.

Embora essa imagem da cadeira vazia tivesse significados evidentes para o nosso grupo de trabalho, ela representa muito mais e traz consigo perguntas mobilizadoras: Para que, neste exato momento, estamos sendo convocados? Que passos devemos dar? Quais são as tarefas e atividades que realmente nos correspondem?

Aos que já despertaram para a vida espiritual é pedido que, como transformadores, impulsionem e ampliem o próprio potencial e a coligação com a realidade interna, de modo que possam fazer chegar maior voltagem de energia a cada plano da existência. Assim, outros poderão ser também tocados por ela e, por sua vez, despertar.

---

[1] O ETERNO PLANTIO e CURAS PELA QUÍMICA OCULTA, ambos publicados pelas Editoras Cultrix/Pensamento (São Paulo, Brasil) e pela Errepar Editorial S.A. (Buenos Aires, Argentina).

Realizar a cura em si mesmo

Enquanto o homem não transcende, de forma decidida e definitiva, os infindáveis apelos do ego e não responde ao chamado incondicional do espírito, o grande potencial de cura que hoje está disponível deixa de expressar-se por seu intermédio. Enquanto permanece ocupado com os jogos de forças da matéria e preso aos seus grilhões, não cumpre a tarefa que lhe cabe realizar com esse potencial. Enquanto não estiver realmente aberto a se transformar, a abandonar o que foi e o que imagina ser, para viver o que é em essência, nenhuma cura verdadeira e profunda poderá acontecer nele.

E, se os que se estão formando como curadores não realizarem em si a cura, como poderão ajudar os demais a se liberarem do jugo material? Se fazem concessões às forças da matéria em si mesmos, se são condescendentes com elas, como poderão colaborar na obra sublime de redenção da humanidade e do planeta? Como servir a dois senhores, se um aprisiona e o outro liberta?

Essas perguntas sempre nos acompanham em todo o desenvolvimento do trabalho no campo da cura em que estamos inseridos. E vemos que, à medida que a crise da vida humana na superfície do planeta se vai tornando mais aguda, a tarefa de cura à qual estamos engajados amplia-se e aprofunda-se sem ser cerceada por nada de fora, dinamizada por impulsos internos poderosos e apoiada pelas indicações precisas que nos são transmitidas.

Percebi, com o tempo, que esse fato mobiliza em meu ser dois processos distintos e paralelos. Por um lado, há nele uma aspiração sincera e ardente de se elevar e de se manter aberto e receptivo aos níveis superiores de consciência. Esse aspecto mais maduro procura viver unicamente na fé, entregar-se por inteiro aos desígnios do espírito e agir segundo a lei da necessidade e do serviço. Não duvida do que lhe chega desses níveis, apesar de tudo lhe ser inédito; ao atuar, procura fazê-lo conscientemente, sem expectativa por resultados, buscando seguir do modo mais fiel possível as indicações.

Outra parte do meu ser, em dinâmico processo de formação e crescimento, possui tarefas distintas e vive diferentes provas. Apesar de saber que pelas leis espirituais não deve ter expectativa alguma, precisa acompanhar com atenção o desenvolvimento do que está a manifestar-se no campo da cura; apesar de saber que não deve querer resultados, tem de avaliar acuradamente o que vai observando e intervir quando necessário; apesar de não procurar confirmação alguma, aprende a reconhecer o trabalho real de cura do espírito na matéria.

Uma vez que existe nesse campo da cura um amplo trabalho de formação, informação e irradiação a ser desenvolvido, as bases externas para sua implantação precisam ser claras. Devem-se seguir as indicações recebidas conforme vieram da fonte; para a realização e materialização dos procedimentos gerados pelos seus impulsos requer-se prontidão, ordem e exatidão; para acompanhar os processos de cura, deve-se estar totalmente despojado de si e de envolvimentos com exterioridades.

Corrente infinita de vida

A compaixão é uma qualidade superior da alma, essencial para o verdadeiro trabalho de cura. Movido por ela, o indivíduo passa a nada buscar para si e a se dedicar sem reservas à tarefa de transformar-se em instrumento para a manifestação pura do amor universal.

Buscando abrir-me para expressar compaixão, tive algumas impressões sobre processos de cura — elas iam surgindo em minha consciência de forma clara, embora descontínua. Para afinar a sintonia com os níveis de onde pareciam proceder, abri um dia um livro cuja vibração se assemelha à do trabalho que vínhamos realizando em grupo. Ali era dito que o serviço que cabe ao ser humano prestar não é dele, mas do cosmos. Era dito também que ele é um elo de uma cadeia infinita que une a Fonte de tudo o que existe à multiplicidade das formas. Pude confirmar, com essa leitura, aquelas impressões. Via que a energia cósmica de cura abarca conjunturas muito mais vastas do que a das necessidades individuais dos seres. É expressão de uma consciência abrangente, que tem algo específico a realizar: penetrar toda a matéria e suas partículas, elevá-las e remodelá-las segundo a idéia que lhes deu origem, conforme um plano divino.

Essa energia de cura percorre infinitos caminhos antes de se incorporar a um medicamento e assim chegar aos que estão prontos a se deixarem tocar por ela. Todo o desenvolvimento de um vegetal, por exemplo, desde a formação de uma simples semente até o pleno desenvolvimento da planta envolve a participação de múltiplas hierarquias e seres, para que correntes superiores de vida possam ancorar e expressar-se nela. A elaboração de um medicamento para permitir a liberação do potencial sutil de cura dessa planta constitui outra importante etapa, da qual fazem parte outras hierarquias de seres.

É o princípio da dinamização energética que rege as diferentes etapas dessa cadeia, desde a manipulação e o plantio de uma semente até a concepção, elaboração e ingestão do medicamento. A presença humana constitui fator decisivo: tanto pode potencializar quanto dificultar essa dinamização.

O homem, por sua possibilidade de conexão consciente com níveis superiores de vida, é capaz de catalisar a energia de cura. Mas, para isso acontecer de forma plena, precisa esquecer-se de si mesmo. Ao realizar o papel que lhe corresponde, permite que correntes mais sutis fluam pelos seus corpos, curando-os e harmonizando-os, enquanto são por eles irradiadas. Assim, serviço e servidor unem-se para a glória do universo.

Na verdade, um medicamento sutil ou qualquer outro instrumento de cura manifesta-se não propriamente para o benefício pessoal de indivíduos. As necessidades de seus corpos constituem apenas pretexto para correntes de vida cósmica permearem a matéria, divinizando-a, reconduzindo suas partículas à Origem. Essas correntes preexistem à criação da semente e não terminam nos que são curados por elas, pois não têm princípio nem fim. São a própria expressão divina, pura, una e eterna.

Segundo o ensinamento espiritual, é chegado o tempo de o céu permear a Terra, pois nunca tão bela conjuntura esteve presente neste universo planetário. Intensa é a combinação dos elementos. É momento de curar o planeta, servindo e deixando-se curar. Por meio do serviço desinteressado pode-se imprimir nas esferas materiais a vibração das esferas celestes.

Consagração

Os sonhos podem constituir uma porta aberta para os mundos de pura luz, trazendo-nos valiosos ensinamentos. Alguns são de especial significação, e estando atentos à sua mensagem, podemos realizar transformações importantes em nossa vida. Assim sucedeu comigo, em várias ocasiões. Numa delas, vi num sonho um grande rio, cujas águas enlameadas corriam volumosas, sob uma paisagem de atmosfera translúcida. Estando à margem desse rio, senti que algo me impelia em sua direção, e tinha de me esforçar para não entrar nele. Em seguida vi a bolsa que carregava sendo arrastada para dentro do rio, o que me trouxe grande sentimento de perda. Corri então até uma curva do rio, mais abaixo, onde consegui "salvá-la".

Fiquei sabendo, ao acordar, que esse rio simbolizava o fluir da vida subconsciente que ainda exercia certa atração sobre mim. Para essa impressão ficar bem registrada na minha consciência, a bolsa, simbolizando toda a carga inútil que eu insistia em carregar, caiu no rio. E, por eu não estar desapegado ainda de bagagens materiais, o que estava na bolsa (que poderia ter ido embora) voltou a mim.

Ao compreender essa mensagem, fui movido a entregar-me ainda mais ao mundo interior. Impulsionado pela energia desse sonho, peguei um livro que vi sobre a mesa, abri-o ao acaso e deparei com uns versos que podem ser traduzidos assim:

Senhor Supremo,
Apodera-te destas células,
Apodera-te deste cérebro,
Apodera-te destes nervos,
Apodera-te deste corpo,
Apodera-te desta matéria,
Apodera-te destes átomos.
Senhor Supremo,
Manifesta Teu Esplendor.[1]

Elevado por essas poderosas palavras, trazia-as a todo momento à consciência para aprofundarem-se em mim. Sentia a premência de uma consagração maior a esse Senhor Supremo, Vida Única e razão de toda a existência. Procurei deixar essa consagração entrar no meu cotidiano cheio de ocupações, compromissos e solicitações externas. E, certo dia, num momento de maior silêncio, compreendi que todas as coisas, sem exceção, constituem oportunidades de revelação das esferas superiores. Para isso, não existem situações mais apropriadas que outras: essa Vida está no universo inteiro e tudo revela sua presença. A união com Ela pode ser aprofundada a cada momento. Qualquer atividade, por mais insignificante que pareça, o próprio dia-a-dia, com seu potencial e suas limitações, os seres ao redor e seus movimentos externos e internos — tudo, enfim, são chaves que devidamente reconhecidas e assimiladas nos fazem ver sua grandiosidade e nos levam à união com Ela. Não são requeridas circunstâncias especiais para essa união, pois é um estado que já existe por si só; basta abrir espaço na consciência para que aflore.

---

[1] AGENDA DE LA MADRE, Institut Recherches Evolutives, Paris; Institute for Evolutionary Research, Nova York; Instituto de Investigaciones Evolutivas, Irún (Espanha).

Ao experimentar, mesmo que ainda parcialmente, a consagração, pode-se perceber a divindade em tudo, pois quem tem o poder que cria e impulsiona as criaturas, que controla os elementos, que sustenta os astros, que atrai e ergue ao Alto a consciência?

A consagração é essencial para a comunhão com a sabedoria interna, para receber *a palavra*, que não é expressa em vocábulos terrenos, mas é a pura luz que cada um encontra no centro de si mesmo.

Sem a consagração não se atinge a impessoalidade. Sem impessoalidade não se pode reconhecer a Vida que pulsa por trás de todas as formas e penetrar seus mistérios. Sem que se rompam as cadeias que prendem e limitam a consciência ao âmbito individual, permanecendo o ser restrito às suas possibilidades humanas, não se podem receber as torrentes renovadoras que afluem do cosmos para curar e redimir a humanidade e a Terra.

Ao caminharmos para a consagração, qualquer receptividade que tenhamos faz verter sobre nós algo desse inesgotável manancial de amor. A paciência serena unida à firme decisão de ir além são bálsamos que cicatrizam feridas, permitindo que a energia de cura se instale nos corpos densos ou sutis.

Todos somos colocados, mais cedo ou mais tarde, diante dos portais da entrega. Todos chegamos um dia a um estado em que não há mais livros que nos instruam, mãos que nos sustentem, palavras que respondam às nossas demandas, água que nos apazigúe a sede — nada que nos satisfaça. É momento então de encontrarmos o "único motivo", dispormo-nos por inteiro ao serviço, consagrarmo-nos.

Fogo ardente

A existência é constituída de vários níveis, onde a Vida única, ao ir-se manifestando, apresenta-se em diferentes graus de vibração. O desenvolvimento interno do ser ou o serviço que deve prestar determinam o nível em que ele se polariza.

Os níveis ardentes são aqueles em que certa parcela da humanidade principia a despertar. Contêm o potencial a ser desenvolvido no ciclo planetário que ora se inicia.

À medida que nossa consciência se expande e se sutiliza, ela vai penetrando esses níveis para viver as etapas evolutivas que lhes correspondem. Em momentos especiais de atuação da graça, podemos ter vislumbres deles e preparar-nos então para o verdadeiro serviço a ser prestado, pois o poder da sua luz é o que pode realmente transformar a vida material. Foi assim que tive certa vez um sonho que me anunciava esses níveis, trazendo-me novas perspectivas à vida de serviço.

Nesse sonho eu estava aparentemente sozinho, em uma extensa região desértica, de paisagem levemente ondulada e atmosfera brilhante. A superfície do solo, toda nua, era formada de areia clara, sem coisa alguma que a maculasse.

Vi então no solo algo semelhante a pequenas touceiras de capim, ralas e esparsas. As hastes finas e curtas daquele capim eram como brasa viva, incandescentes. Não havia sinais externos de fogo, e tudo parecia arder por dentro, sem se consumir.

À minha direita, a alguma distância, vi pessoas que se afastavam e que a princípio pareciam estar próximas de onde me encontrava; a seguir, já estavam desaparecendo na paisagem.

Ao despertar, vi que a intensa vibração desse fogo sutil, que arde internamente sem consumir, tinha penetrado todo o meu ser, acendendo ainda mais a chama da devoção e da aspiração, trazendo-me muita serenidade e paz. Via afastar-se de mim o que não correspondia ao estado atual e ia aprendendo a estar só e em silêncio diante de mundos de pura energia.

No caminho ascensional muitos chegam a percorrer o deserto, mas nem todos conseguem chegar ao destino, pois tal empreendimento exige determinação, firmeza, sobriedade e fé. Todos os seres que penetram a senda da luz e trilham seus caminhos têm de cruzar essa região da consciência e de seus mistérios aprender lições. Não se pode avançar sem transpor fronteiras. Portanto, é mister abrir-se ao poder maior que transforma e liberta, e isso eu estava sendo ajudado a fazer.

Parte 2

Penetrando mistérios da criação

Dissipai, pela aspiração ardente ao Alto,
as brumas terrenas.

Os sonhos na cura

As oportunidades que hoje se apresentam ao ser humano para a liberação e universalização são inúmeras e podem tomar diferentes formas, dependendo das necessidades e circunstâncias. Buscando abrir-me mais conscientemente a essas oportunidades, percebi que deveria dar ainda maior atenção aos sonhos. Estes, além da função espiritual que podem ter, de fornecer-nos chaves para a compreensão e a condução do nosso próprio processo de expansão de consciência, como já mencionei, constituem valiosos instrumentos para a cura. Soluções e indicações precisas e inesperadas podem chegar-nos por essa via.

O valor dos sonhos amplia-se quando percebemos que, para bem orientar nossas atividades e nosso serviço, não podemos contar hoje só com o que percebemos enquanto despertos. Se estivermos realmente dispostos a tomar consciência da vida onírica, as energias superiores, onipotentes, dão-nos os meios necessários para compreendê-la. O mais importante é a fé no que existe e age dentro de cada um de nós. Ademais, a abertura sincera à transformação, a entrega incondicional à Vontade superior do centro do nosso ser e o amor à verdade são atitudes que podem facilitar a compreensão e o aprofundamento da vida de sonhos.

Mas, quando alguém mantém a atitude, mesmo que inconsciente, de não querer conhecer a verdade sobre si próprio, quando está sempre buscando subterfúgios para fugir dessa verdade, tem pouca possibilidade de recordar-se dos sonhos, de captar mensagens de níveis de consciência superiores. Tal bloqueio é gerado pela sua recusa em se aceitar como é; é um mecanismo de defesa, pois nos sonhos vemo-nos face a face, sem nos iludir sobre nós mesmos. É que, se reagimos ao inusitado que vem da supraconsciência por meio de um sonho, afastamo-nos da sua influência.

O que nos leva de fato a compreender uma mensagem espiritual é a postura de silêncio perante ela: aguardar inabaláveis, fiéis e, sobretudo, quietos, que seu significado se manifeste. Esse é o cuidado especial a ser dado à interpretação de um sonho para não se incorrer em erro.

O papel auxiliar do sonho[1] nos processos de cura ficou para mim bem ilustrado pelas experiências que tive. Uma delas foi particularmente significativa. Sonhei que via alguém tomando um medicamento sob a forma de uma cápsula dourado-brilhante. Como consciência, entrei naquela cápsula e penetrei assim no corpo da pessoa, percorrendo todo o seu canal digestivo até chegar ao ponto mais baixo.

Lá, encontrei-me em uma sala surpreendentemente limpa e espaçosa, na penumbra. Não via a abertura de saída dos resíduos orgânicos, pois havia um monte de massa do material processado no intestino no centro da sala, tampando-a. Quando reconheci que todo aquele plano inferior do corpo estava limpo, o monte mexeu-se e transformou-se em lesmas. Estas, por sua vez, levantaram-se como se fossem personagens de teatro e retiraram-se do ambiente.

---

[1] Para outras informações sobre a importância dos sonhos, vide NOSSA VIDA NOS SONHOS, de Trigueirinho, 10ª edição, Editora Pensamento.

Verifiquei que a passagem para expulsão de detritos se tinha fechado, já não existia. Deixou de haver a necessidade de expeli-los, pois a sala agora brilhava com a luz da cápsula do medicamento. A cura havia atingido aquele ser até o seu nível mais baixo.

Durante o sono, a consciência transita por várias esferas e pode penetrar assim alguns mistérios da Criação.

Quando alguém decide realmente se transformar e se abre para a cura, passa a contatar níveis mais profundos do seu ser, de onde então irradia a energia que ilumina os rincões a serem purificados e harmonizados. Outra química, superior e sutil — que vai muito além da material e conhecida —, passa a operar, e tudo pode acontecer.

Mundos de pura luz

Em outro sonho via um grande Sol, brilhante, apesar das camadas de nuvens que se movimentavam agilmente e que ora se espessavam, encobrindo-o, ora o deixavam transparecer. Em dado momento ele pareceu deslocar-se para a direita, e a seguir sua luz forte penetrou em diagonal uma floresta extensa, densa e escura, e desapareceu entre suas árvores altas. Eu observava a floresta de um ponto mais elevado, e via um pequeno trecho de uma estrada que a atravessava. Apesar da visão apenas parcial da estrada, grande era o meu sentimento de segurança, pois soube que ela se dirigia para onde penetraram os raios do Sol.

O ser humano cuja consciência começa a entrar em processo de crescimento e de expansão ainda não suporta a presença contínua da luz espiritual. Sua adaptação a vibrações elevadas vai-se dando ao longo das vidas e do desenvolvimento interior: aos poucos ele se vai preparando para contatos estáveis com energias potentes. À medida que sua consciência se expande, sentidos mais sutis vão despertando e certos dons podem aflorar, o que é para ser acolhido com simplicidade. Todo esse processo é regulado pelo ser interno da pessoa, e transcorre de forma inconsciente para ela. Qualquer tentativa de forçar a abertura dos sentidos sutis de forma artificial pode trazer conseqüências danosas à sua integridade como ser. Quando alguém despreparado faz isso, o poder que lhe advém exacerba-lhe o ego, insufla-lhe desejos, orgulho e vaidade, levando-o por descaminhos à mediunidade passiva, a aberrações sexuais, à loucura ou à prática da magia negra.

Aquele que já estabeleceu certo grau de contato com seus núcleos de consciência internos, ao ter que penetrar a floresta escura — que em geral representa a vida humana externa —, pode contar com a presença da luz dentro e fora de si. Embora essa floresta seja espessa e o caminho visto apenas em parte, ele sabe com toda a certeza que nada tem a temer. Grande sentimento de paz e segurança o preenche então, tornando mais sereno e livre o seu trajeto pelo mundo, onde também se encontra, velada, a luz.

A humanidade vive hoje em condição muito especial, pois todo o planeta está passando por uma importante fase de transição, a caminho da sutilização de seu corpo material e também de significativa ampliação de consciência. Correntes de energias solares e cósmicas poderosas, representativas de grandes Entidades que impulsionam e regem o destino da Terra, estão promovendo transformações profundas, redirecionando as formas de vida que nela se expressam.

Nesta sagrada fase de transição, os impulsos que regeram o ciclo planetário anterior estão retirando-se do cenário mundial e os que entrarão em vigor ainda não podem expressar-se abertamente.

A luz pode ser ocultada temporariamente, mas nem por isso deixa de existir. Cada indivíduo deve aprender a conectar-se com ela sem se deixar reprimir por contingências externas. Na realidade, deve aprender a estar em mundos de pura luz, a viver neles enquanto cumpre as tarefas na Terra. Isso se consegue pela aspiração ardente.

Aos que nada querem, os maiores tesouros

Outro sonho, numa madrugada, mostrou-me haver tesouros ocultos que parecem aguardar o momento oportuno de serem revelados para o bem e o progresso da humanidade.

Nesse sonho eu estava fazendo uma pesquisa em um mapa geográfico e necessitava saber os nomes dos afluentes de determinado rio, que não constavam naquele mapa. Decidi então ir à biblioteca situada no andar superior para consultar outro, mais especializado. Comigo estavam dois jovens dinâmicos, também participantes da pesquisa.

Já no andar superior, que parecia ser o porão de uma velha casa, percebi a presença de um homem idoso, sentado a uma pequena mesa, de frente para nós. Estava muito concentrado em sua leitura, mas, sem se alterar ou interromper seu trabalho, percebia nossa presença. Comecei a folhear alguns livros junto com os jovens, sem ter, porém, uma visão global da biblioteca. Em seguida, afastei-me um pouco para a direita e vi, então sozinho, alguns armários de portas fechadas e empoeiradas, sobre as quais se liam as palavras:

THE TREASURY OF THE JUST[1]

Na frente dessas portas havia vários fios metálicos finos, fortes, bem esticados e trançados, impedindo que fossem abertas, bloqueando o acesso ao conteúdo dos armários.

Soube, por esse sonho, que muito pode ser revelado ainda à consciência humana antes de se encerrar o atual ciclo planetário, o que vai depender do grau de desenvolvimento que possamos alcançar. Aos que nada querem para si são entregues os maiores tesouros, diz uma lei espiritual.

A condição especial de transição em que se encontra a Terra reflete-se no mundo interno do ser humano de forma peculiar, pois, embora sua consciência possa ser capaz de perceber rapidamente novos impulsos e deixar-se levar por eles, a resposta dos seus corpos[2] pode ser lenta, devido ao grau de inércia que se foi impregnando neles ao longo das vidas. Disso decorrem crises que se expressam na vida externa e geram sofrimentos e doenças. Quando enfocadas corretamente, contudo, essas crises podem transformar-se em oportunidades preciosas para a dissolução de bloqueios e resistências, promovendo ampliações de consciência.

Em toda transição existe uma conjuntura especial de energias que vêm para ajudar a vivê-la e a transpô-la, criando oportunidades únicas para o crescimento. Muitas etapas podem ser vividas em tais momentos. Basta a pessoa estar desapegada de si, despir-se do passado e permanecer receptiva ao que de novo se apresenta, aderindo totalmente a ele.

---

[1] "O Tesouro dos Justos".

[2] O corpo físico-etérico, o emocional e o mental.

Abrir-se à vida em outros planos

A lei do amor, que antes nos ensina a agir de forma mais preventiva que curativa, está presente em todas as circunstâncias de nossa vida. Muitas vezes chegamos a perceber sua voz, que nos previne de situações, alerta-nos ou aponta-nos novos caminhos, mas normalmente não lhe damos a devida atenção. Depois, ficamos surpresos ao deparar com o que já havíamos sido ajudados a prever e, mesmo que corramos para acudir à situação, vemos que ela poderia ter sido evitada.

Um sonho alertou-me para inúmeros aspectos que deveria observar no acompanhamento de determinado caso clínico, no qual atenção e pontualidade não podiam faltar. Nesse sonho eu estava em um pequeno veículo com meu paciente, que o dirigia. Do ponto elevado onde nos encontrávamos, via à frente um grande vale circular, cercado de montanhas cobertas de nuvens negras, pesadas, ameaçando tempestade. Parecia um vale desértico; sua vegetação era rala, e podia-se perceber o chão de areia seca.

Ao descermos pela rampa íngreme que lhe dava acesso, percebi que, se a pessoa hesitasse na direção e não fosse hábil, o veículo iria tombar, o que realmente aconteceu a seguir, virando ele de rodas para o ar.

Encontrei-me então fora e ao lado do veículo, ajustando alguns dos seus parafusos soltos. Procurava colocá-lo em ordem novamente. Foi quando constatei sua fragilidade e delicadeza: mais parecia carrinho de criança.

Às vezes os sonhos não vêm apenas para nos alertar sobre providências a serem tomadas em nossa prática diária. Por eles podemos participar de processos de cura, propriamente. Sonhei, por exemplo, uma vez, que estava dentro do que parecia ser um mar bravio. Nas proximidades estava um companheiro de trabalho. Atrás de mim percebia um sólido muro de concreto, que se estendia para os lados.

Esse companheiro nadava para a esquerda, onde as ondas estavam muito fortes e eu o chamei para o meu lado, à direita. Vi então uma imensa onda vindo em nossa direção. Mas, apesar de todo esse cenário ameaçador, não sentia nenhuma espécie de medo; era como se a situação estivesse de alguma forma sob controle.

Nisso, aquela onda gigante se desfez junto com as demais: converteram-se numa névoa que pairava suave sobre as águas, agora calmas — como a paz que vem depois de uma tempestade.

Fiquei com a impressão, ao acordar, de que aquelas imagens representavam a cura que estava ocorrendo em algum nível daquele ser e da qual eu participava. Não me sentira identificado com nada do mar revolto e vira uma notável transformação suceder: ondas bravias e ameaçadoras repentinamente substituídas pela névoa.

Soube, mais tarde, que a paz que no sonho adveio simbolizava os ajustes que se deram em seu ambiente de trabalho e o tranqüilizaram. Os movimentos do plano emocional aquietaram-se, mas algum anuviamento persistiu, bem representado no sonho pela névoa. No futuro isso poderá dissolver-se, pois a presença do muro de concreto indica a firme disponibilidade para nova colaboração.

Tonambur:
a regeneração do pâncreas

Quando nos mantemos vigilantes, ou seja, quando nos concentramos no eterno presente, nosso ser vai ficando capaz de perceber os fios invisíveis que unem fatos aparentemente sem conexão, tornando-os um todo coeso. Os sinais vêm não só por meio dos sonhos; cada encontro, cada acontecimento, cada momento pode trazer-nos chaves preciosas para a elucidação dos enigmas que nos rodeiam. Percebemos então o quanto somos guiados e auxiliados em nossa vida e em nossas tarefas, e de um plano de consciência superior passamos a receber as indicações para resolver de forma mais abrangente cada situação.

Ao abraçar conscientemente o trabalho grupal e uma vida externa mais simples, vi em mim esse processo de descoberta intensificar-se. Meu ser foi despertando para o que há por trás da diversidade da manifestação. Na verdade, eu estava sendo levado a penetrar o sentido sagrado da existência, sentido que um dia será resgatado por todos, o que fará com que tudo na vida seja reconhecido como dádiva do Criador e motivo para glorificá-lo. Porém, sabia que não devia para isso esperar o amanhã: o sagrado pode ser vivido agora, e para tanto a reverência é imprescindível.

Para esse crescimento interno e externo, os estudos

de temas universais realizado sob um enfoque profundo, espiritual, colaboram de forma bem marcante, pois por meio deles podemos aproximar-nos, com a mente e com os sentimentos, das várias leis evolutivas que regem a manifestação da vida. Os estudos assim realizados são muito mais que mera manipulação de informações intelectuais — constituem poderosos impulsos para expansões de consciência.

Tais estudos auxiliam também na cura do plano mental terrestre hoje bastante conturbado, pois ao simplificar e ao elevar o nosso modo de pensar, possibilitamos que emanações da mente abstrata, do consciente direito e de níveis mais além penetrem esse plano.

Tendo presente a graça que é participar do atual momento evolutivo planetário, buscava vivê-lo cada vez mais intensamente. Iniciei então um estudo sobre os *sólidos sagrados*. Ao ler sobre o tetraedro, as raízes gregas da palavra evocaram uma experiência onírica da noite anterior, da qual ainda não me havia recordado. Naquele instante, ao relembrá-la, parecia-me que ela tinha transcorrido fora do tempo material.

No sonho eu folheava um grande livro escrito em grego. Podia ler parcialmente os caracteres, que me eram familiares, porém não era capaz de penetrar seu sentido. Havia alguém ao meu lado que, quando necessário, destacava uma ou outra palavra, sem todavia traduzir seu significado. O livro e o ambiente estavam preenchidos de luz muito clara, sem sombras. Não havia em mim expectativa, ansiedade ou curiosidade para desvendar os mistérios contidos no texto, e outro aspecto do meu ser observava a cena de um nível mais elevado.

O impulso dessa experiência pôs em relevo algumas impressões que vinha tendo. Dias antes, ao estudar sobre o plexo solar e sua relação com o pâncreas, veio-me à mente a imagem de uma planta vistosa, chamada *amarelinha*[1], existente no jardim da casa onde morava e que se destacava pelo tom vivo e alegre de suas flores em contraste com sua folhagem verde-escura.

Amarelinha

E agora emergiam relações entre a *amarelinha* e o *topinambur*[1], planta da qual havia ganhado alguns tubérculos.

---

[1] Vide "Identificação botânica das plantas", na página 225.

Topinambur

Topinambur,
detalhe do galho florido

Apesar de o topinambur ser nativo dos altiplanos andinos, fui conhecê-lo na Europa, anos atrás, ao estagiar em um laboratório de pesquisas sobre as forças etéricas atuantes nas substâncias orgânicas. Usávamos um método sutil, chamado *cristalização sensível*[2], e por ele descobri nessa planta afinidade com o pâncreas. Tempos depois soube,

---

[2] **Método de cristalização sensível**. Para sua execução, dilui-se em água o extrato orgânico a ser pesquisado e se adiciona a ele uma solução também aquosa de cloreto de cobre ($CuCl_2$). Essa mistura é colocada em uma placa de vidro e posta a evaporar em câmera hermeticamente fechada, com umidade e temperatura controladas, e à prova de trepidações. Após 24 horas de evaporação, aparecem nessa placa delicadas redes de cristais coloridos, que seguem os "desenhos" das forças etéricas daquele extrato específico. A interpretação desses desenhos proporciona valiosas indicações em pesquisas sutis.

por outras vias, que seus tubérculos comestíveis eram usados no tratamento da diabetes.

Junto com essas impressões, veio-me uma forma de elaborar um medicamento com tais plantas: deveria colocar em um vidro transparente a massa obtida dos tubérculos ralados, cobri-la com água pura e lançar ali algumas flores da *amarelinha*. A seguir, o frasco deveria ser exposto ao sol e ao sereno sete dias e sete noites seguidas.

Nesse procedimento inicia-se uma lenta fermentação da massa, que se vai tornando mais permeável a certas vibrações cósmicas captadas pelas flores. Depois de absorvidas por estas, as vibrações são transmitidas à água e à massa, promovendo nesta última uma transformação química sutil e oculta.

O período de exposição da mistura compreende os três dias anteriores à lua nova, o dia em si dessa lua e os três posteriores. Água e flores são renovadas a cada manhã e, completado todo o período, põe-se a massa a secar; a seguir, esta é submetida ao processso da dinamização[3] até os níveis S1, S2 e S3. Ao medicamento assim conseguido demos o nome de *Tonambur*.

Essa química oculta é impulsionada pelo elemento fogo — simbolizado pelo tetraedro —, cuja entrada na vida orgânica se dá pelo pâncreas. A vida orgânica na Terra alicerça-se num padrão tetraédrico; servindo-se do núcleo do carbono como base, esse padrão corresponde à maior parte das redes moleculares não só do organismo humano, mas das espécies animais e vegetais. O fogo é a síntese do estado sutil a ser instalado pelo ser humano nos planos materiais, estado que rompe cristalizações e dissolve a inércia.

---

[3] Vide O ETERNO PLANTIO, capítulo "Dinamização das substâncias: uma porta entreaberta", do mesmo autor, Editoras Cultrix/Pensamento.

Tonambur: a reconstrução de padrões energéticos

Diversos são os fogos que constituem a essência íntima da existência formal e a expressão das forças plasmadoras que existem por detrás de toda criação. Cada tipo de fogo tem particularidades que determinam a sua atuação sobre a consciência e sobre a matéria. O fogo fricativo age diretamente nos corpos materiais da personalidade; o fogo elétrico, ou solar, no nível espiritual e no intuitivo, e o fogo cósmico, nos níveis próximos da vida imaterial. Todos eles participam da reconstrução do padrão energético dos corpos do homem, para que a vida neles presente possa expressar-se de modo mais sutil. Nessa reconstrução, os fogos atuam de diferentes formas:

- o *fogo cósmico* destrói as estruturas que não mais correspondem ao novo estado de consciência
- o *fogo solar* atrai os novos padrões a serem manifestados
- o *fogo fricativo* implanta-os na matéria

O pâncreas constitui um dos portais para ingresso de certas correntes de substâncias e de forças que chegam ao organismo não só pelos alimentos ingeridos, como também pelo ambiente. Essas substâncias e forças precisam perder seu caráter estranho ao organismo para incorporar-se nele, o que se dá por meio da digestão, em vários planos ao mesmo tempo. A vida-consciência que rege esse órgão desempenha aqui papel essencial.

Tudo que leva ao enfraquecimento e deslocamento dessa consciência, que deve estar bem vigilante à entrada desse portal, pode gerar diversos distúrbios que se relacionam com as tarefas externas do pâncreas: diabetes mellitus, hipoglicemia, insuficiências digestivas em graus variados, e outros. Esse enfraquecimento pode ser causado por sobrecargas intelectuais, por influências psíquicas desordenadas e intensas do próprio indivíduo ou do seu ambiente e por deficiências constitucionais do pâncreas, que dificultam ou impedem a atuação das forças estruturantes superiores que o regem.

Conflitos e desequilíbros do plano emocional-mental, tensões psíquicas e impactos persistentes no ambiente de um escolar ou de um adolescente, por exemplo, podem desalojar desse órgão, de forma mais ou menos duradoura e grave, suas forças estruturantes, ocasionando assim a diabetes juvenil ou manifestações semelhantes.

Tudo o que o ser humano absorve do mundo exterior pela alimentação, respiração ou órgãos dos sentidos tem de perder suas características externas, materiais e sutis. As substâncias ingeridas, por exemplo, precisam perder as peculiaridades de onde provêm (reino vegetal ou animal), para só então serem incluídas nas correntes etéricas próprias do ser humano. Quando proteínas são ingeridas sem que suas qualidades externas sejam "aniquiladas" pela digestão e, especialmente, pelo pâncreas, elas estarão dentro do organismo como "corpos estranhos" que precisam ser eliminados. Esse processo de eliminação, que visa liberar o organismo de substâncias e forças que não lhe correspondem, passa a ser realizado por outras vias não tão adequadas, como, por exemplo, os rins. Essa "digestão", deslocada, das "proteínas estranhas" pode danificar progressivamente o epitélio renal, causando perda anormal pela urina das próprias proteínas e levando a quadros mais ou menos graves de descompensação e insuficiência renais.

O *Tonambur*, em seus níveis crescentes de dinamização, S1, S2 e S3, pode ser valioso para estimular as forças estruturantes do pâncreas. Para uma cura completa, esse processo tem de ser complementado pela reconstrução e rearmonização do que foi danificado no campo psíquico do ser.

Não podemos regenerar a Terra nem a humanidade mantendo-nos circunscritos ao âmbito das leis materiais, pois é no Alto que se encontram as chaves, a energia e o poder de transformar o que está embaixo.

Parte 3

Sutilizando a matéria

Não há outra Lei,
senão a do Amor-Sabedoria,
que tão profundamente permita ao homem
descobrir os mistérios do reino vegetal.

O serviço espiritual na cura

A vida em um grupo que tem uma meta espiritual em comum requer de cada membro atenção permanente para que tendências e condicionamentos do ego sejam transcendidos e a união interior estabelecida; sem isso, é impossível uma convivência fraterna e positiva. Quem teve a oportunidade de fazer essa experiência de vida grupal sabe da potência da energia por ela gerada, impulsionando o processo evolutivo de todos. Situações inesperadas e até mesmo contrárias aos esquemas habituais passam a ser vividas, o que reverte em dinamização da capacidade de ajudar. Assim, ao assumir tarefas que fazem parte de um plano maior, tal grupo pode suprir necessidades amplas, das mais concretas às mais sutis, doando-se e prestando serviço ao mundo que, como sabemos, está cada vez mais carente.

Quanto mais se expande uma consciência, mais abrangentes são suas oportunidades de servir. Um serviço espiritual verdadeiro é realizado com o impulso e sob a inspiração dos níveis superiores da consciência. Gera um potencial de energia capaz de promover grandes transformações nos seres e no mundo.

Certa vez, estávamos às vésperas de uma importante reunião em que trataríamos de assuntos ligados a um setor do trabalho do grupo. À noite, antes de dormir, procurei sintonizar com essa reunião, abrindo-me para colaborar no reconhecimento e cumprimento de seu propósito. Adormeci e tive um sonho.

No sonho eu estava em uma sala vazia e via no fundo, à esquerda, uma porta semi-aberta para outra sala, onde iria começar uma reunião. Vi o último participante entrar. Fiquei sozinho na sala vazia e notei que havia ali pó e resíduos espalhados pelo chão. Como teria de aguardar o término da reunião, peguei uma vassoura com a intenção de remover aquilo. Contudo, logo vi que a sujeira havia aumentado muito: formava camadas espessas, e precisei de uma enxada para retirá-la.

Em seguida, nesse mesmo sonho, eu estava fora da casa, limpando um terreno de cultivo cheio de entulho. Ao removê-lo, muitas imperfeições do terreno iam-se destacando, mas eram sanadas à medida que eu prosseguia a tarefa.

A reunião no dia seguinte foi muito positiva. Idéias cristalizadas que não correspondiam mais ao estágio evolutivo do grupo e impediam seu progresso espiritual puderam ser facilmente dissolvidas pela energia ali presente, permitindo que os verdadeiros objetivos da reunião fossem alcançados.

Um grupo unido pela meta espiritual vive importantes momentos quando, como um todo, se vê diante de passos interiores decisivos para expansões de consciência. Esses momentos são de grande valor em um trabalho profundo de cura e, uma vez reconhecidos os obstáculos para as expansões, a remoção deles pode ser ajudada por instrumentos específicos e atitudes adequadas. Assim, algumas vezes, em um sonho de um indivíduo reflete-se a necessidade de todo o grupo, e seu esforço para avançar pode abrir caminhos.

Hoje, dada a inércia que se instalou na vida humana, em muitos casos somos levados a assumir o que aparentemente não nos caberia. Essa prontidão e vigilância que nos impele à ação correta sem esperá-la de outrem pode ser adquirida. A inércia é força poderosa, paralisante e contrária ao processo evolutivo. Está presente na matéria em geral e na matéria de nossos corpos, e sua transcendência exige empenho contínuo. Pode ser obstáculo sério à manifestação de uma realidade interna. Quando, porém, fazemos esforço sincero para transcendê-la, recebemos ajudas inesperadas.

Phoranna:
a transmutação das forças de inércia

Um amigo experiente, capaz de perceber a vida interior e bem sintonizado com a tarefa de colaborar para os indivíduos reencontrarem sua própria essência, perguntoume certa vez se não existiria um medicamento ou algo similar que ajudasse a dissolver os núcleos de inércia que se alojam nos corpos sutis do ser humano. Tais núcleos, de tendência semelhante à da esclerose cerebral, podem não chegar a manifestar-se no plano físico. Sendo assim, externamente as pessoas em que eles se instalam são normais; todavia, é como se vivessem sob uma "sombra", falta-lhes agilidade para resolver determinadas questões e para lidar com alguns setores da vida. Não há nessas pessoas doença visível, mas é como se em potencial estivesse presente.

Escutei a pergunta em silêncio e entreguei-a ao mundo interno; aguardaria, sem expectativa, alguma luz sobre o assunto. Dispus-me ainda a colaborar conscientemente na dissolução desses núcleos em mim mesmo, pois reconhecia-os em áreas do meu próprio ser.

Alguns dias depois, já esquecido da pergunta, fui abordado por outro amigo. Este, sempre muito amoroso e atento, queria mostrar-me uma planta "diferente" que havia encontrado no jardim: de um galho de cambará[1] florido emergia uma pequena haste, de folhas bem verdes, que não era parte dele.

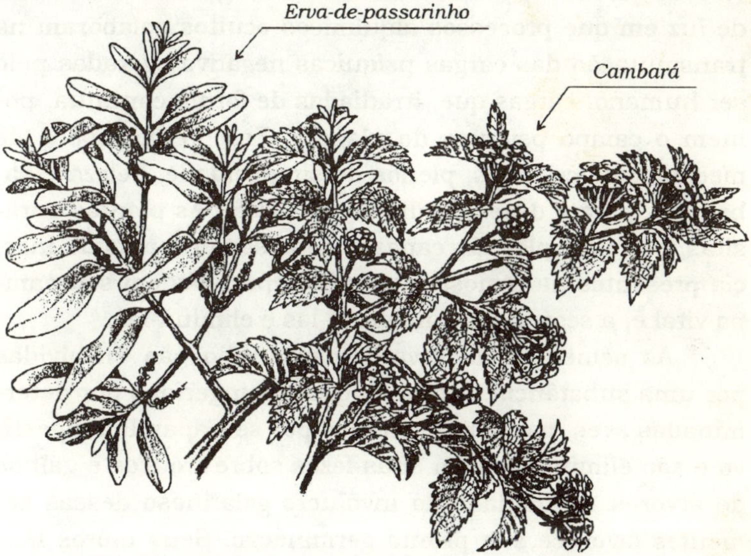

Cambará com erva-de-passarinho

Conhecendo esse fenômeno de parasitismo vegetal, expliquei-lhe que aquela planta – uma erva-de-passarinho[1] – havia sido "plantada" sobre o galho do cambará talvez por um dos pássaros que diariamente vinham ao jardim co-

---

[1] Vide "Identificação botânica das plantas", na página 225.

mer os grãos que lhes servíamos. De repente, naquele momento, interrompendo o fluxo de meus pensamentos, aflorou em minha mente uma compreensão sintética de que a conjuntura ali armada fazia parte da resposta à pergunta lançada dias antes.

O reino vegetal, totalmente doado ao serviço, exemplo vivo de oferta e devoção, constitui um grande laboratório de luz em que processos alquímicos ocultos colaboram na transmutação das cargas psíquicas negativas geradas pelo ser humano, cargas que, irradiadas de forma contínua, poluem o campo psíquico do planeta. Esse reino dispõe de mecanismos criativos, plenos de simplicidade, beleza e sabedoria, para o desempenho dessa tarefa. As plantas parasitas, por exemplo, são capazes de absorver forças de inércia presentes na atmosfera[2], de incorporá-las em seu campo vital e, a seguir, de transmutá-las e eliminá-las.

As sementes da erva-de-passarinho são envolvidas por uma substância viscosa e, quando ingeridas por determinadas aves, passam incólumes por seu aparelho digestivo e são eliminadas com suas fezes sobre troncos e galhos de árvores. A umidade do invólucro gelatinoso dessas sementes favorece sua pronta germinação. Seus brotos lançam raízes para dentro da árvore hospedeira até atingir os canais por onde circula a seiva. Alimentando-se dela, vão sugando gradativamente a vida da planta, exaurem-na e, por fim, exterminam-na. Esse mecanismo faz com que su-

---

[2] As plantas parasitas não devem ser confundidas com as chamadas epífitas, que apresentam comportamento diferente, pois usam as árvores apenas como suporte para seu desenvolvimento. Tal é o caso das orquídeas e das bromélias, entre outras. Nas orquídeas ocorre, ademais, uma simbiose com os fungos que crescem nas extremidades de suas raízes, surgindo entre ambos uma troca de substâncias, o que permite a continuidade da vida tanto da orquídea quanto dos fungos.

cumbam junto com a planta hospedeira. Ao longo de todo o seu ciclo biológico, geralmente muito intenso, as plantas parasitas podem promover uma verdadeira limpeza da atmosfera psíquica planetária. Conseguem fazê-lo por corresponderem exatamente ao parasitismo que em outro plano as forças de inércia e de desintegração exercem sobre o ser humano.

A capacidade das plantas parasitas para transmutar tais forças pode ser direcionada então para remover essas mesmas forças dos corpos sutis do ser humano, podendo também ser liberada e transferida para um medicamento, como passaremos a descrever.

Inicialmente, faz-se um pequeno corte circular, de alguns centímetros de largura e certa profundidade, no galho do cambará parasitado, pouco abaixo do local de inserção da erva-de-passarinho. Esse corte interrompe o fluxo ascendente da seiva no galho, causando sua morte e, conseqüentemente, também a da erva-de-passarinho instalada nele. Tal procedimento simula a morte natural, muito mais lenta. A interrupção do fluxo da seiva viva da planta hospedeira para a erva parasita provoca no campo energético desta última forte impacto e desencadeia transformações significativas em suas forças. Esse fenômeno, na planta, é análogo ao impacto que um ser humano sofre ao tomar consciência de ter praticado uma ação negativa, que, a partir daí, busca equilibrá-la.

Até esse ponto do procedimento, imitamos de certa forma os processos da natureza. Para prosseguir em laboratório com essa alquimia vegetal, tomamos a erva-de-passarinho assim morta, completamos sua secagem e pulverizamo-la. A seguir, misturamos esse pó com um pouco de terra. Nesse solo lançamos sementes de cambará para germinar por 3 semanas. Aqui invertem-se os papéis: a erva-de-passarinho doa-se agora para alimentar o cambará, antes sua "vítima". Ao tornar-se substrato para a vida do cambará, os componentes materiais e energéticos da erva-de-passarinho introduzem-se em suas correntes de forças, para serem então transformados e elevados.

Completadas 3 semanas, as plantinhas de cambará, já com os componentes de seu *ex-parasita* nelas incorporados são colhidas, secas, pulverizadas e misturadas novamente à terra. Ali são lançadas outras sementes de cambará, para mais um ciclo de 3 semanas de germinação. Com as plantinhas resultantes, repete-se o procedimento mais uma vez, completando-se assim um sutil processo de elevação de forças no campo energético vegetal. A capacidade imanente às ervas parasitas — de transmutar as forças de inércia presentes na atmosfera — transfere-se para as plantinhas de cambará, onde são ainda mais sutilizadas pela germinação seriada.

Para a liberação final do potencial gerado, fruto de uma química oculta e sutil, as plantinhas do terceiro ciclo são secas, pulverizadas e submetidas a dinamização[3] em diferentes níveis de sutilização: S1, S2 e S3. Ao medicamento assim obtido demos o nome de *Phoranna*.

Certos componentes energéticos do cambará assemelham-se aos do plano psíquico do ser humano, o que faz do *Phoranna* um auxiliar valioso na dissolução de núcleos de inércia alojados nessa área.

Segundo Paracelso, o médico não deve apenas copiar o que a natureza faz. Na verdade, deve conhecer o que ela

---

[3] Vide O ETERNO PLANTIO, capítulo "Dinamização das substâncias: uma porta entreaberta", do mesmo autor, Editoras Cultrix/Pensamento.

tão sabiamente cria, e co-criar, prosseguindo do ponto a que ela chegou.

Precisamos desenvolver uma capacidade interna, bem precisa, de perceber os mecanismos da natureza. A criação é obra do Espírito. O Espírito é a fonte de todas as coisas. Para uma verdadeira pesquisa científica, é preciso ter em conta a presença do Espírito, como um pano de fundo, em tudo o que nos cerca. Só assim podemos conhecer a verdade, conhecimento vital tanto nas grandes como nas pequenas coisas.

Phorannia:
a decisão para romper com a inércia

Paralelamente à criação do *Phoranna*, desenvolvemos um medicamento similar com repercussões profundas e transformadoras. Ao iniciar a elaboração do *Phoranna*, havia-me disposto a colaborar, da forma mais consciente possível, na dissolução dos núcleos de inércia que reconhecia em mim mesmo. Ofertei essa disposição ao meu mundo interno.

Tendo já percebido a "idéia" do *Phoranna*, parti para sua materialização. Para começar, fiz a incisão circular no galho do cambará como foi descrito, o que desencadeou sua morte e também a da erva-de-passarinho; a seguir, sequei a erva, transformei-a em pó, misturei-a com um pouco de terra e lancei na mistura sementes de cambará para germinar. Nessa fase, deparei com a dificuldade de germinação das sementes. Depois de várias tentativas, todas inúteis, esse "fracasso" começou a trazer-me inquietação. Buscava um "culpado". Aos poucos, com uma agudeza de observação que eu não tinha antes, pus-me a enxergar falhas, bloqueios e condicionamentos nos meus companheiros de trabalho. Esse estado intensificou-se de tal forma que não conseguia compreendê-lo mais. Sentindo-me então internamente pressionado, aquietei-me e pedi ao meu mundo interior luz sobre o assunto. Foi quando vi, de relance, que grande parte daquilo que de modo tão aguçado percebia nos demais estava em mim e era projeção minha.

A fase seguinte foi de aceitação paciente de todas aquelas falhas, espelhos fiéis e implacáveis das minhas próprias. Emergiam com veemência tal que às vezes pareciam sufocar-me. Em um momento de maior clareza, pude descobrir, finalmente, a relação de tudo o que acontecia em mim com o medicamento *Phoranna*.

Seria muito cômodo ter algo que pudesse dissolver em nossos corpos tais núcleos de inércia, núcleos que lhes roubam a agilidade e a flexibilidade para pronta resposta aos fatos e circunstâncias da vida. Se não nos abrirmos por inteiro à autotransformação, se não nos entregarmos consciente e decididamente à dissolução de tais núcleos, não será um simples medicamento que fará por nós essa purificação básica. Para romper com a inércia é preciso decisão! É preciso aspiração ardente e esforço sincero em transcender a nós mesmos, não bastam boas intenções.

Compreendi que, se não tivesse realizado essa limpeza em mim em alguma medida, o medicamento não teria força de expressão. Ao reconhecer tudo isso, renovei a gratidão pela Vida Única, que de forma tão sábia nos guia. Aos poucos tornava-me mais desperto para lidar com a Sua manifestação; aprendia, entre outras coisas, a utilizar melhor o tempo, preparação importante para as expansões que iriam ocorrer dali por diante no campo do serviço.

Algum tempo depois, variantes desse medicamento foram surgindo: outras plantas com parasitas foram reconhecidas, cada qual com nuanças particulares. Em um arbusto de vernônia[1] (vide figura na página 104), que crescia próximo de onde morávamos, vimos, em pleno desenvolvimento, a mesma erva-de-passarinho que havíamos encontrado no cambará. Com ela repetimos o processo usado na criação do *Phoranna*, apenas substituindo as sementes de cambará pelas desse arbusto. A esse novo medicamento demos o nome de *Phorannia*, também dinamizado em diferentes níveis de sutilização: S1, S2 e S3.

Certos componentes energéticos da vernônia têm padrões vibratórios semelhantes aos do corpo físico-etérico do ser humano, o que torna o *Phorannia* indicado para a dissolução de núcleos de inércia alojados especificamente nessa área.

Um sonho elucidativo, vivido nessa fase, ampliou-me a compreensão de todo esse processo:

Eu atravessava de carro uma ponte sobre um rio. A primeira parte dessa ponte, de madeira tosca, cruzava uma margem do rio que parecia um alagadiço. A segunda parte era de concreto e tinha as mesmas dimensões que a de madeira; ambas eram bem estreitas, suficientes apenas para passar um carro por vez. Dava a impressão de que eles iam somente em uma direção.

Estava agora fora do carro, e o olhava do alto. Observava o fluxo de vários outros, que o precediam e que também vinham atrás dele. Via então o rio largo, caudaloso, imponente, com ondas volumosas e ameaçadoras. Uma parte do meu ser pôs-se a imaginar o que faria se a ponte ruísse. Meu carro, porém, já sobre o concreto, seguia firme e decidido, ignorando qualquer risco.

---

[1] Vide "Identificação botânica das plantas", na página 225. Vide também o capítulo "Polyanthes: a sublimação da energia sexual masculina", na página 103.

Uma etapa parecia haver sido concluída internamente, pois a travessia do rio largo, caudaloso e imponente, de ondas volumosas e ameaçadoras, que separa nossa consciência externa dos seus níveis mais profundos já estava iniciando. Uma área de alagadiço — o plano psíquico humano, com seus atoleiros e perigos — acabara de ser atravessada. A ponte que a cruzava, frágil no início, tornava-se agora firme.

Na primeira etapa dessa importante travessia, as condições são ainda adversas, grande o esforço e a luta, e mais freqüentes os perigos de queda. A persistência no caminho, a aspiração ardente, a energia da devoção e a fé absoluta no impalpável é tudo de que dispomos para transpor esse alagadiço. Mas depois a ponte se torna forte e se lança sobre o rio volumoso e ameaçador do subconsciente coletivo. Nessas duas etapas o caminho é estreito, e não são muitos os que o percorrem. A maioria se distrai ao longo da jornada, e há os que preferem enveredar pelo pântano. Ao chegarmos, porém, a essa ponte estreita, já não existe possibilidade de retorno.

Segundo o Ensinamento, os sedentos das energias do Espírito serão abençoados, enquanto os que buscam sustento na matéria terão de procurá-lo nela. Os que se entregam ao Supremo Senhor morrem para si e assim podem renascer para a luz.

Plummel: a dissolução da tendência à esclerose

Quando núcleos de inércia descem do plano emocional-mental e atingem o corpo físico, instalando-se nele, levam-no a uma série de alterações: inclinam-no à estagnação, ao endurecimento e à esclerose. A arteriosclerose cerebral, enrijecimento e obstrução de artérias do cérebro, é apenas uma das manifestações dessa tendência, que pode acometer outras áreas específicas do corpo ou disseminar-se de modo amplo.

A humanidade, sobretudo nos últimos séculos, ligou-se de forma cada vez mais intensa com o plano material em detrimento de sua relação com o mundo espiritual. Isso gerou muitos hábitos, vícios e condicionamentos, e as células e partículas dos seus corpos, especialmente do físico, foram perdendo a flexibilidade. A grande carga de forças de inércia que os corpos receberam levou-os a pender para a esclerose, tendência que os permeia como um todo. No entanto, cada indivíduo que assume a sutilização e expansão da própria consciência imprime em seus corpos impulsos dinâmicos, contrários a essa tendência.

As forças presentes no metal chumbo, ao serem liberadas pela dinamização e transferidas para um medicamento, colaboram efetivamente na reversão desse desequilíbrio, sobretudo em suas fases iniciais, quando a concentração do pensamento começa a diminuir e a memória a falhar.

Para complementar essa ação curativa do chumbo, pode-se "ligar" a ele mel e açúcar. Misturamos, em partes iguais, chumbo em pó e açúcar cristal, e os trituramos juntos até estarem finamente pulverizados e amalgamados. Tomamos a seguir favos de mel recém-colhido, desoperculamos alguns centrais e aspiramos deles parte do mel. Em seguida introduzimos, em diminuta quantidade[1], a mistura de chumbo e açúcar e a cobrimos com o mel aspirado. Esses elementos são deixados em repouso por 3 semanas, durante as quais se estabelece entre eles uma interação silenciosa, invisível e dinâmica. Ao final, a composição é recolhida, seca e submetida à dinamização até o nível de sutilização S3[2].

Ao medicamento assim preparado demos o nome de *Plummel*. Junto com *Phoranna* e *Phorannia*, ajuda na redenção e elevação da matéria dos corpos.

A todos os seres humanos que despertam para realidades mais profundas está sendo entregue a tarefa de transmutação da matéria em luz, a tarefa de sua transfiguração. Devemos descobrir os segredos dos conjuntos mole-

---

[1] Para maiores informações sobre esse processo e sobre a ação sutilizadora do mel, vide o capítulo "Reabilitação orgânica pelo Silimel", no livro CURAS PELA QUÍMICA OCULTA, do mesmo autor, Editoras Cultrix/ Pensamento.

[2] No nível S3 os componentes materiais do chumbo, do mel e do açúcar são praticamente inexistentes, pois esse nível corresponde a altíssimo grau de diluição: 1/1.000.000.000.000.000.000.

Vide também O ETERNO PLANTIO, capítulo "Dinamização das substâncias: uma porta entreaberta", do mesmo autor, Editoras Cultrix/ Pensamento.

culares e atômicos dos nossos corpos, pois não podemos liberar-nos da matéria sem prestar-lhe um tributo. Devido à má utilização das energias materiais perpetrada por milênios pela humanidade, cada indivíduo que avança no caminho de sutilização deve doar algo de si aos planos da existência que está deixando.

Na cura interior fundem-se vários níveis de consciência e dissipam-se os limites entre o que está sendo curado e a energia de cura em si. Podemos então vislumbrar, em momentos favoráveis, aspectos ou estados do próprio mundo interior que, tornados conscientes, nos preparam para receber novos impulsos à ampliação da capacidade de servir.

A verdadeira cura libera-nos gradativamente do jugo da matéria, faz-nos ingressar em mundos sutis, que a mente racional desconhece. Ao nos desidentificarmos do mundo da forma e trilharmos os caminhos para a própria essência, passamos a *viver em cura* e a saber que ela vai ajustando passo a passo nossa consciência externa à realidade interna.

Quem se entrega com alegria às tarefas do Espírito, quem alimenta sua ligação com Ele e d'Ele recebe viva disposição interna, influencia beneficamente a saúde de seus corpos.

Parte 4

Liberando o ser

A cura nasce do silêncio,
no ser que se volta para o Alto
e se deixa preencher.

A ação purificadora da luz

As realidades do mundo interno podem chegar de diversas maneiras à nossa consciência externa, e muitas vezes isso se dá de forma inesperada e inédita.

Uma vez, eu ouvia com atenção a história de um conhecido que havia apresentado manifestações alérgicas agudas e intensas na pele, sobretudo nas áreas mais expostas ao sol. Consultou um dermatologista, e este, após minucioso exame, propôs-lhe um tratamento sintomático.

Enquanto eu ouvia, emergiu em minha mente, de modo instantâneo, o nome de um medicamento, *Crotonlic*[1], que havíamos elaborado especificamente para certas formas de câncer de pele. Racionalmente não podia ver relação entre o câncer de pele e uma manifestação alérgica, mas permaneci em silêncio diante daquela sugestão intuitiva.

Prosseguindo seu relato, disse-me ele que a grande sensibilidade de sua pele ao sol fez com que o médico que o havia atendido durante a fase aguda levantasse a possibilidade de aquela manifestação eventualmente tornar-se

---

[1] Vide CURAS PELA QUÍMICA OCULTA, do mesmo autor, Editoras Cultrix/Pensamento.

câncer de pele, embora as lesões não fossem típicas. Foi orientado a viver dali para frente como uma coruja, mantendo-se totalmente afastado do sol e mesmo da sua claridade. Deveria sair somente à noite, e em casa usar cortinas grossas nas janelas. Por nunca haver tido problema algum de pele, ele ficou muito surpreso e veio buscar ajuda.

Essa experiência mobilizou e ao mesmo tempo reuniu em minha consciência impressões e informações que vinha recebendo por diversas vias, e uma compreensão mais profunda foi emergindo aos poucos.

Sabe-se hoje, pela ciência oficial, que a irradiação ultravioleta do Sol acentua cada vez mais sua ação deletéria a várias formas de vida do planeta, incluídos os seres humanos. Causa aumento da incidência de câncer de pele, cegueira, queimaduras e outros distúrbios. Essa situação é agravada pela ruptura da camada de ozônio, que age como filtro e protege a vida na Terra contra tais radiações ionizantes. Por outro lado, sabe-se, pela ciência espiritual, que essa atividade destruidora do Sol faz parte de um processo de purificação global que envolve este planeta e todo o sistema solar.

Aglomerados energéticos densos, renitentes, gerados e acumulados pelo ser humano ao longo de várias encarnações, prendem-no às malhas do mundo da matéria e impedem-no de avançar na senda espiritual. Imprimem-se também na atmosfera psíquica da Terra e precisam ser dissolvidos antes que se encerre o atual ciclo. A poderosa purificação promovida e regida pela consciência solar que dirige a evolução deste universo planetário e de todos os seus reinos tem deslocado nos seres humanos, de maneira intensa, tais aglomerados. A adesão ou resistência a essa ação libertadora determina também, em parte, a forma que ela toma. Estamos todos submetidos a ela, não importa onde estejamos, pois não existe no planeta rincão algum em que não sejamos alcançados.

A imagem da coruja, por trás dessa recomendação drástica, pareceu sintetizar determinado estado de consciência, que aos poucos se vai revelando na humanidade em geral. O ser humano, ao longo de milênios, quase sempre se recusou a reconhecer e a aceitar a essência da luz que o criou e que guia o destino deste planeta. Suas atividades, em grande parte egoístas e cegas, contaram apenas com a visão limitada do livre-arbítrio, o que lhe gerou pesados débitos cármicos.

Hoje, porém, mais do que nunca, encontram-se disponíveis grandes oportunidades para equilibrar esse passado obscuro. Os que decididamente se abrem à luz que jaz no interior de cada ser têm acesso a meios externos e internos de cura e de perdão. Porém, os que mais uma vez se recusarem a reconhecê-la e a aceitá-la poderão viver a condição de não suportar nem mesmo a luz material do Sol.

Essa condição, assim prenunciada e já realidade em planos de consciência sutis, alastra-se cada vez mais[2]. Contudo, não é apenas com recursos externos que se resolvem as desarmonias dos corpos e do mundo da forma, pois assim simplesmente se trocam peças de lugar sem que haja verdadeira transformação. Os segredos da transubstanciação da matéria, da sua metamorfose em luz, são conhecidos pelo mundo interno de cada um, mas sua atuação é inconsciente. Ao ser humano cabe apenas abertura e adesão aos impulsos que o fazem avançar no caminho evolutivo.

---

[2] As estatísticas oficiais dos Estados Unidos apontam uma elevação de mais de 500% na incidência do câncer de pele em certas áreas daquele país.

No encontro com aquele conhecido, percebi também que ele não estava ali como indivíduo, mas representava uma parcela do corpo planetário enferma e carente. Os diversos procedimentos terapêuticos a que ele então se submeteu eram-lhe oferecidos não em função apenas do seu próprio processo, pois cada um que transcende estados densos redime e eleva toda a matéria e toda a vida no planeta.

Mais tarde, esse conhecido relatou-me um sonho que teve logo após ter recebido uma compressa de ervas[3] sobre a região do fígado, tendo já iniciado o uso de *Crotonlic*:

> *"Uma mão leve e delicada, de dedos longos, deslizava suavemente sobre meu rosto, quase como se não o tocasse. Em cada movimento, do rosto para fora, parecia que puxava algo; aquilo era feito em silêncio, paz e harmonia. Em outra imagem, um tubo, como se fosse um dreno, tinha sido colocado na região lateral esquerda do abdômen e parecia eliminar muitas impurezas."*

Segundo o Ensinamento, é momento de reconhecermos a presença da Hieraquia[4] ao nosso lado e de não nos esquecermos dela. Teremos as indicações para a realização das tarefas, mas não devemos esperar uma lanterna nas mãos para caminhar: em meio à escuridão é que a luz nos será dada e, portanto, não precisamos titubear.

---

[3] Chá "Triflores", para compressas regeneradoras do fígado: alecrim-do-campo (*Baccharis dracunculifolia*), vernônia ou assa-peixe (*Vernonia polyanthes*) e marcela (*Achyrocline satureioides*).

[4] Seres espirituais que estimulam e acompanham a evolução do homem.

Aprender com as oportunidades

A grandiosidade do cosmos revela-se atualmente ao ser humano de modo crescente e contínuo, e as energias do mundo interno estão como nunca disponíveis para ajudá-lo na ampliação da consciência. Devemos aprender a reconhecer em cada circunstância a oportunidade de revelação desses mundos.

Aquele conhecido que havia apresentado intensas manifestações alérgicas passava por provas decisivas enquanto se submetia ao tratamento que lhe havia sido proposto. Havia nele grande e sincera aspiração pela vida interior e esforçava-se por persistir no trabalho de autotransformação e de elevação do próprio ser. Porém, em determinado momento de sua trajetória, as circunstâncias externas tornaram-se mais difíceis para ele e pareciam fugir ao seu controle.

Certa manhã, ao despertar, sentiu dores agudas em todo o corpo e viu que não podia sustentar-se de pé. Consultou um médico em caráter de urgência e veio então a saber que aquele quadro era o de uma séria doença auto-imune[1], na qual a musculatura é atacada pelo próprio sis-

[1] Diagnosticada posteriormente como dermatomiosite. Nas doenças auto-imunes ocorre uma espécie de pane do sistema imunológico, que deixa de reconhecer o que é do corpo e passa a agredir órgãos ou partes do próprio organismo, lesando-os em graus variáveis.

tema imunológico, gerando extrema fraqueza e comprometendo o estado geral do organismo. Para sustar o avanço desse grave processo inflamatório de consequências imprevisíveis para a integridade muscular, passou a usar drogas alopáticas potentes[2]. Essa situação era para ele desconhecida, pois sempre acreditara, até então, ter domínio sobre o que lhe acontecia. Sua estrutura psíquica ficara bastante abalada. Sentia-se frágil, tanto externa quanto internamente, com a sensação de abandono e aridez. Vislumbrava algo mais profundo por trás de tudo aquilo, mas não conseguia ter clareza a respeito. Percebia ainda que precisava reestruturar sua vida, e estava firme nesse propósito. No fundo, sabia que sua necessidade era apenas a de assumir com decisão o "único motivo" real de toda a existência: realizar a Vontade Maior que se encontra no âmago de cada ser vivente.

Nesse estado de quase desespero, pediu ao seu ser interno, antes de dormir, que lhe desse alguma orientação sobre o que estava acontecendo. Adormeceu e sonhou:

> *"Via um grande pássaro, de asas imensas, que se destacavam, e cujo bico apontava claramente para cima. Ele voava muito alto, e seu vôo era extremamente coordenado, harmônico e silencioso."*

---

[2] Medicamentos chamados genericamente de corticóides, de potente ação antiinflamatória.

Retomar o caminho

Enquanto aquele conhecido me narrava detalhes de seu processo, tive uma visão interna de uma grande teia — com uma aranha em seu centro — que ocupava o vão esquerdo de uma janela aberta.

Permaneci em silêncio e, a seguir, aflorou-me à mente certa relação entre a imagem da aranha e o processo daquele ser. Sabia, pela ciência espiritual, que as aranhas são formas da consciência astral e expressam em sua estrutura e organização correntes de forças cósmicas provenientes de astros do sistema solar e de mais além. As teias que elas constroem são, na verdade, essas forças cósmicas materializadas. Tais forças, criadoras, participam diretamente da estruturação e da manutenção da musculatura do ser humano.

Com tudo isso, veio-me a impressão de que me deveria dirigir a determinada área na fazenda, onde poderia encontrar uma teia de aranha para prosseguir esse estudo. No final do dia seguinte, desci por uma estrada de terra na direção de uns lagos próximos da casa onde morávamos. Chegando a uma encruzilhada, tomei a trilha que se abria à esquerda e contornava uma mata preservada, apesar de "saber" que para ir ao local assinalado deveria tomar a da direita. Fui até o final desse caminho e nada encontrei. Voltei e então tomei, na encruzilhada, o caminho da direita, já quase uma hora depois. Na área dos lagos, vi logo uma grande teia de aranha aparentemente abandonada. Continuei a busca pela área, tranqüilamente, e algum tempo após passei de volta por ali. Foi então que me surpreendi, vendo-a salpicada de aranhas!

O Sol acabara de se pôr atrás de um pequeno morro nas proximidades e a sombra atingia a teia naquele exato momento. Foi minha primeira lição: as aranhas são seres noturnos! Compreendi que o tempo gasto na procura, incluído o aparente desvio na encruzilhada, visava manter-me ali na área até o pôr-do-sol, caso contrário teria chegado cedo demais e perdido aquele momento. Mais uma vez, toda uma conjuntura havia sido "armada" para descobertas.

Por longo tempo permaneci, atento e em silêncio, diante daqueles seres em atividade coordenada e inteligente. Era como se elas seguissem os movimentos invisíveis de uma consciência astral manifestando-se na forma. A construção de uma teia, em suas diversas etapas, precisas e metódicas, é um cerimonial em que se expressam leis e relações cósmicas muito amplas, apresentadas ali como instinto.

A estrutura física de uma aranha, com suas patas longas e finas, extremamente sensíveis, em contato direto com a teia, prolongamento material da consciência sutil que a cria e permeia, mostra que em tudo se acham atuantes essas forças astrais cósmicas. Postadas em guarda no centro da teia, distendendo os fios radiais para aumentar sua capacidade sensitiva, as aranhas ficam em tensão permanente, aguardando que caia em suas malhas um inseto menos atento. O inseto, ao tentar fugir, faz vibrar a teia e fornece desse modo à aranha informações precisas sobre seu porte e sobre o local onde se encontra. Ela vai então certeira à sua captura. O inseto é envolvido e imobilizado pelos fios pegajosos que saem de pequenos orifícios do abdômen da aranha, e logo morto pelo veneno que lhe é injetado por ela; torna-se, a seguir, seu alimento.

Assim transcorre a noite, e pouco antes do alvorecer a aranha digere os fios de sua teia e se recolhe em algum nicho preservado e escuro, para retornar ao entardecer[1]. Em cada contato que tive com esses seres enquanto durou essa pesquisa, as informações sobre sua vida e organização vinham à minha mente de forma sintética e silenciosa, como em um diálogo vivo, sem palavras.

Elabora-se o medicamento a partir do veneno da aranha, dinamizado até o nível S2 e S3[2]. A esse preparado demos nome de *Myoton*, que é praticamente isento da matéria física original do veneno e que mantém apenas suas forças sutis, estruturantes e vitalizadoras da musculatura.

A Lua exerce papel decisivo na atuação dessas forças astrais cósmicas, pois é ela que as polariza e dirige para a Terra. São forças mais atuantes à noite, o que faz da aranha um ser noturno. Por isso o preparado *Myoton* deve ser administrado no período entre a lua nova e a cheia, pois a influência dessas forças encontra-se então crescente. A própria elaboração do medicamento obedece a esse ritmo: sua dinamização é feita do entardecer ao início da noite.

A aplicação do *Myoton* deve ser bem acompanhada, pois seus impulsos vitalizantes e estruturadores podem causar inicialmente espasmos musculares discretos. Para equilibrar essa tendência, pode-se lançar mão de um recurso, presente também na natureza, que atua em pólo oposto: o casulo de borboleta, dinamizado.

---

[1] Essas descrições referem-se a um tipo específico de aranha, às que tecem suas teias suspensas.

[2] S2 corresponde ao grau de diluição de 1/1.000.000.000.000 e S3 ao de 1/1.000.000.000.000.000.000.

Luz tecida na matéria

As borboletas relacionam-se intimamente com a luz e com as forças do Sol: sua vida e organização expressam essa afinidade. É a própria luz que rege a metamorfose pela qual passam. De pequenos ovos transformam-se em lagartas que, em determinada etapa de amadurecimento, começam a tecer fios de seda em torno de si, formando casulos e transformando-se por completo em seu interior. Ressurgem, então, em sua forma final, transfiguradas pela luz.

Ao tecer o casulo, as lagartas seguem fios invisíveis da luz que emana do Sol: os fios de seda são essa luz entretecida e condensada na matéria terrestre. A tecedura, sutil, realizada só à luz do Sol, é interrompida ao anoitecer, para recomeçar no outro dia. Exatamente o contrário do que fazem as aranhas! Completado o casulo, que é em essência luz solar, as lagartas transformam-se em seu interior e ressurgem, transfiguradas por essa essência, como seres de luz e cor — as borboletas.

Lepdon é o nome que demos ao medicamento elaborado de casulo maduro de borboleta, prestes a eclodir. O casulo, liberado de sua larva, é submetido ao processo da dinamização até os níveis S2 e S3, como na preparação do medicamento *Myoton*.

O uso do *Lepdon* permite a dissolução de congestionamentos e bloqueios de energia principalmente no sistema muscular, bloqueios que resultam em tensões, espasmos e cãibras, entre outros sintomas. Dado com o *Myoton*, evita que se produzam espasmos musculares desagradáveis.

Ao meu conhecido não faltaram, portanto, ajudas especiais. Em determinado momento, toda uma conjuntura energética esteve armada para o desenvolvimento de um câncer de pele, o que teria proporcionado caráter mais dramático ao seu processo de cura. Como ele havia dado certos passos internos e como o seu potencial de transformação estava vivo, foi possível remanejar a situação, que se manifestou assim, atenuada, na forma de acometimento muscular. Tendo em vista seu ser interno estar à frente de todos esses acontecimentos, chaves importantes lhe foram dadas, algumas delas por meio de sonhos. Já em nova etapa do tratamento, teve uma experiência onírica muito significativa:

> *"Eu conduzia com rédeas bem soltas um veículo puxado por quatro bois. Tanto eu como os animais estávamos distraídos e felizes, correndo aparentemente sem rumo sobre as nuvens, quando de repente lembrei-me de olhar o mapa para orientar-me em relação ao caminho que devia percorrer. Ao pegá-lo, vi nele a imagem de um dos curadores internos do centro Aurora[1]."*

Esse curador cósmico, conhecido em sua mais recente encarnação como Padre Pio[2], tem hoje, junto com outros, a tarefa de curar internamente a humanidade e o planeta.

---

[1] Vide AURORA — *Essência Cósmica Curadora*, de Trigueirinho, Editora Pensamento.

[2] Padre Pio de Pietrelcina (25/5/1887 — 23/7/1968).

Para que essa mensagem ficasse bem registrada, um fato curioso ocorreu. Uma foto de Padre Pio, que estava na mesa-de-cabeceira desse meu conhecido, apareceu sobre sua cabeça quando ele acordou após esse sonho. Isso aconteceu sem que houvesse correntes de ar no quarto e apesar da distância entre a mesa e a cama.

Meu conhecido percebeu, por esse sonho, que até então estivera sendo puxado por forças instintivas e que elas o tinham desviado de sua verdadeira rota: vivia assim distraído, ao seu sabor. Sabia, porém, que existia um "mapa" e que poderia reorientar-se por ele. O novo caminho estava simbolizado pela imagem desse curador, com o qual ele se havia coligado naquele momento de sua vida.

Para mostrar porém que a nova oportunidade que a vida lhe estava dando era definitiva e merecia atenção especial, teve outro sonho significativo:

> *"Eu estava dependurado, agarrado a um fio que pendia do alto, de uma nuvem. Num relance, pude enxergar através dela um brilho muito forte, como de uma estrela, que me ofuscou. Tinha medo de soltar o fio e cair, o que me levava a segurá-lo com bastante firmeza. Esse fio, muito esticado, não chegava a tocar o chão, e eu estava suspenso no ar."*

A importância dessa nova oportunidade em sua vida estava-lhe sendo mostrada de forma transparente pelo seu ser interno, que mesmo oculto está sempre presente, acompanhando seus passos.

Voltar-se em silêncio para o centro da consciência invoca sua universalidade e permite dispor da energia de maneira mais completa e sábia.

O sentido do sagrado

Quando um ser alcança um plano superior de consciência, ele abre, ao mesmo tempo, caminhos para outros se elevarem, pois faz parte de uma corrente evolutiva. Ao se deixar transformar pela luz que emana desse plano, pode irradiar a energia de cura, tornando-se útil não só para seus semelhantes, mas para o próprio planeta.

O trabalho grupal de que participo sempre foi agraciado por dádivas e bênçãos. Até certo ponto, tínhamos consciência das preciosas e inúmeras ajudas que recebíamos, em todos os níveis e setores, e no campo da cura em particular, tanto no que diz respeito à cura individual, quanto à grupal. Nossa sintonia precisava, porém, ser aprofundada para que a energia pudesse não só continuar a fluir, mas aumentar o seu caudal.

O estudo de sonhos, que fazíamos de acordo com as necessidades, contribuía na elevação de todos, pois as situações neles destacadas sempre encontravam eco em cada um de nós. Novas etapas eram apontadas, caminhos eram abertos e sinalizados, dificuldades transcendidas.

Um dos sonhos que viemos a estudar certa vez trouxe-nos muita luz para a compreensão de realidades ocultas e amadureceu o nosso relacionamento com a vida interna. Quem o teve assim o descreveu:

"Eu estava participando de um grande leilão e algo valioso estava para ser vendido. Mesmo sem saber exatamente o que era, ofereci por ele quantia muito elevada, que não foi contestada por ninguém, e o leilão se encerrou.

Vi-me então em apuros, pois percebi que não tinha a quantia naquele momento, e procurava uma solução."

Para optarmos pelo caminho evolutivo e para nos mantermos firmes nele, é necessário imensa ajuda dos níveis superiores da consciência. Hoje as condições para impedir-nos de tomar essa decisão ou para dificultar a nossa perseverança nela, para distrair-nos e desviar-nos do caminho estão muito presentes. Normalmente não nos damos conta dessa ajuda e por isso muitas vezes falta-nos a gratidão, o que deixa de atrair novas bênçãos e graças sobre nós.

Como sinalizou a primeira parte do sonho, algo muito valioso está disponível para nós. Porém, no nível mental humano perdemos a consciência do que realmente somos, de nossa essência e de nossa herança como seres divinos. Ao cairmos de plano, ocorrem então dúvidas, carências e limitações.

O ser humano tem como tarefa auxiliar na consagração do mundo concreto de tal forma que este exprima o latente potencial divino que possui. Essa consagração se dá quando ele irradia a luz da própria consciência em seus pensamentos, sentimentos e ações. Por isso, seus corpos materiais devem estar impregnados de reverência pela vida suprema imanente em todo o universo.

O sentido do sagrado deve ser incorporado à esfera terrestre como a seiva que nutre uma árvore. Para isso é necessário reverência. Na humildade e na reverência os universos se fundem.

Parte 5

Avançando sempre

A cura conduz o ser
pela senda da harmonia.

Essência de poncã:
a dissolução da enxaqueca

Durante algum tempo trabalhei intensamente com destilação de óleos essenciais, pois percebia neles significativo potencial de cura. Pesquisei diversas plantas aromáticas da região onde morava, como eucalipto, capim-cidreira, cipreste, lípia, pinho, hortelã-crespa, pelargônio, sassafrás, entre outras. Em determinado momento, concentrei-me na obtenção da essência de rosmarinho[1], que estávamos usando no tratamento de arritmias cardíacas, com resultados muito positivos.

Certa manhã, havia programado trabalhar com rosmarinho, mas ao entrar no laboratório encontrei em seu lugar cascas de tangerina poncã[1], que na época estava em plena e abundante safra. Reconhecendo nisso um sinal, mudei meus planos e comecei com elas a destilação.

Logo de início o ambiente impregnou-se do aroma forte e penetrante do óleo essencial daquelas cascas. Ele se evaporava facilmente, demonstrando grande capacidade de volatilização e de expansão, o que ficou ainda mais evidente quando apliquei uma gota na pele: difundiu-se de imediato, dissipando-se por completo em segundos.

---

[1] Vide "Identificação botânica das plantas", na página 225.

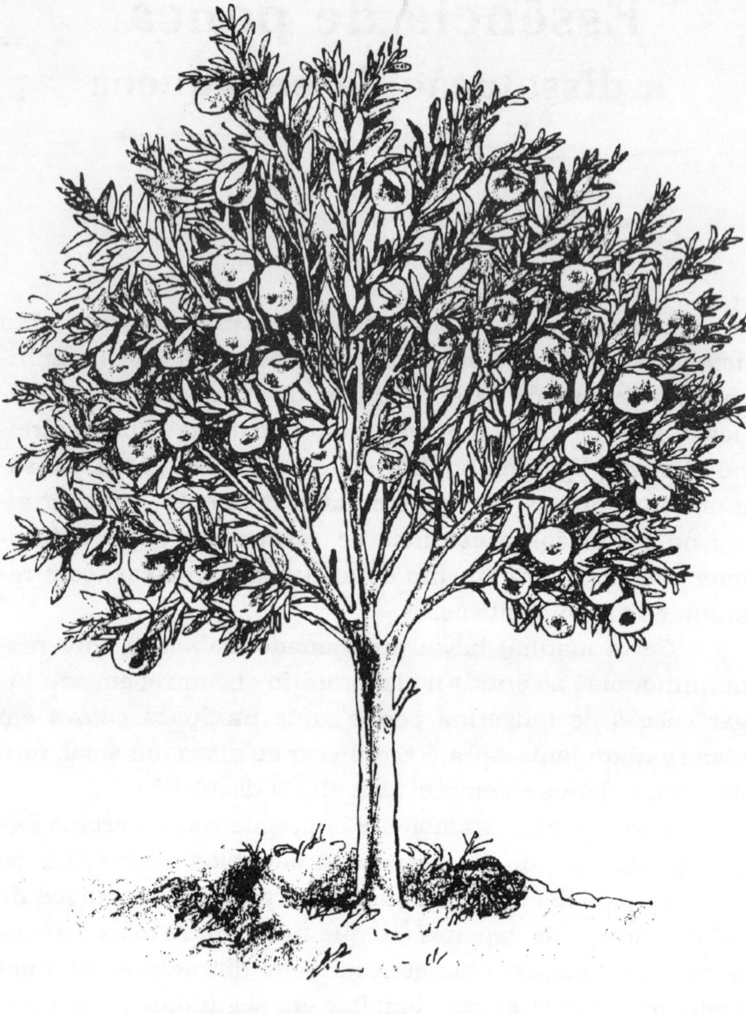

Poncã,
árvore jovem

Poncã,
galho com frutos

Ao terminar a destilação, recolhi no silêncio interior as impressões que aquele trabalho me proporcionara e dei prosseguimento às outras tarefas que me aguardavam.

Pouco mais tarde, encontrei uma conhecida que havia 15 anos sofria de enxaquecas intensas, contínuas e rebeldes às terapias experimentadas até então. Para acalmá-las ela tomava normalmente até oito analgésicos no decorrer da manhã, o que não impedia que as dores retornassem pouco depois. Durante as crises mais violentas tinha de tomar analgésicos injetáveis, ou mesmo internar-se em hospital. Com o tempo, foi aprendendo a conviver com as dores e a aceitá-las como parte do destino, pois já tinha feito tudo o que conhecia.

Enquanto conversávamos, um quadro bem definido da sua situação começou a emergir espontaneamente em meu ser.

O início desse processo fora marcado por uma cirurgia de emergência a que tivera de submeter-se. Ela entrara em grave estado de choque[2], desencadeado por uma hemorragia interna aguda, e o ambiente cirúrgico foi tenso e dramático. Estando ainda sob a ação da anestesia geral, um grande concentrado de forças conflituosas e densas acumulado em sua vida até então, somado às forças geradas pelo grupo médico e paramédico que a atendia, foi atraído para dentro do seu corpo, projetando-se diretamente na rede vascular cerebral e ali ancorando de forma tenaz. Isso gerou suas crises de enxaqueca contínuas.

Uma imagem simples pode ajudar-nos a compreender esse fato sutil. Em uma massa de cimento ainda mole podemos introduzir um objeto qualquer e voltar a retirá-lo sem dificuldades. Porém, quando a massa endurece, o objeto que nela se encontrar fica preso. Nas crises de enxaqueca, o excesso de tensão psíquica faz pressão sobre a contraparte físico-etérica da rede vascular de áreas específicas do cérebro, promovendo vasoconstrição acentuada. Após um

---

[2] Estado, de causas variadas, em que as funções vitais do organismo — como temperatura, circulação e pressão — ameaçam entrar em colapso total.

período de sono reparador, por exemplo, essa sobrecarga psíquica desfaz-se, liberando o indivíduo da dor. Isso é como retirar o objeto da massa de cimento ainda mole. Condição análoga pode ser observada quando alguém se encontra sob anestesia geral. A consciência está ausente, tornando-se o corpo, então, exposto a toda sorte de influências psíquicas, positivas ou negativas.

Naquele ser, seus próprios núcleos psíquicos de conflito somaram-se aos que se criaram no ambiente cirúrgico. Esses concentrados energéticos fixaram-se na estrutura físico-etérica de sua rede vascular cerebral, quando ele recobrou totalmente sua consciência, como acontece com uma massa de cimento endurecida. A partir de então sua enxaqueca tornou-se praticamente ininterrupta.

Toda essa situação, porém, foi armada pelo ser interno dessa pessoa: essa foi a única forma de impedir que continuasse trilhando caminhos que já não lhe correspondiam. Passou por longa e penosa aprendizagem pela dor, até dar os passos internos que lhe permitissem avançar sem desvios e sem retrocessos.

Um fato interessante foi percebido por ela, após a experiência daquela cirurgia. Desde jovem fora atraída pelo lado transcendental da existência, mas, até aquele momento, tinha-se dedicado de maneira um tanto superficial e inconstante a esse assunto. A partir de então, o anseio pela vida espiritual tornou-se fundamental, levando-a, após muita procura, a encontrar seu atual grupo de serviço.

Relatou-me ainda, mais tarde, um sonho vivido exatamente na ocasião em que buscávamos uma forma de ajudá-la:

> *"Eu estava deitada no chão e meu corpo parecia uma chapa; sobre ele pairava uma grande massa negra,*

como uma montanha muito pesada. Entre meu corpo e a massa havia uma luz brilhante e pura, que me permitia algum movimento e impedia que eu fosse esmagada. Tive então a certeza interna de que aquele estado em que vivia teria fim, e de que já estava curada, independentemente de as dores desaparecerem ou não a partir dali."

Veio-me à consciência uma experiência feita havia quase dois anos e da qual me tinha esquecido. Coletara cascas de tangerina para extrair delas o óleo essencial. Após secá-las e transformá-las em pó, acondicionei-as em um vidro de boca larga e tampa plástica. Passaram-se meses e, ao tomar novamente o pó para trabalhá-lo, percebi pequenas massas negras sobre ele, como se fossem colônias de fungos, destacando-se do seu alaranjado vivo. Examinando-as de perto, logo desvendou-se o "mistério". Durante o tempo em que o pó permaneceu no frasco fechado, seus óleos essenciais foram-se desprendendo e passaram a interagir com a tampa plástica. Esta, de cor preta, dissolveu-se e gotejou.

Percebi então, intuitivamente, que os óleos essenciais das cascas de poncã poderiam colaborar na dissolução da tendência à enxaqueca. Aplicados na região da nuca, em compressas, sua propensão expansiva e volátil os levaria às partes do cérebro onde os concentrados psíquicos se haviam enquistado. Estes seriam, assim, dissolvidos por meio da capacidade "corrosiva" desses óleos.

Por dois meses consecutivos, essa pessoa submeteu-se a um tratamento intensivo: compressas com óleo de poncã lhe eram aplicadas todas as noites na região da nuca, onde permaneciam até a manhã seguinte; após o almoço, elas lhe eram aplicadas na testa e ali ficavam pelo menos uma hora. Como esse óleo atua na dissolução de aglomerados psíquicos densos arraigados na área da cabeça, essa pessoa fez também pedilúvios com sal amargo[3], todos os dias ao acordar, para facilitar a drenagem e eliminação das toxinas desalojadas durante a noite.

As toxinas seguem a lei da gravidade e tendem, por isso, a acumular-se nos membros inferiores, de onde podem ser prontamente eliminadas pela ação "corrosiva" do sal amargo. Outras vias de eliminação do corpo foram estimuladas por meio de lavagens intestinais, banhos de imersão[4] e medicamentos vegetais depurativos e diuréticos.

A resposta ao tratamento foi imediata, com pronta diminuição da intensidade das dores e espaçamento progressivo entre elas, chegando a intervalos de até uma semana. Quando apareciam, um simples analgésico era agora capaz de eliminá-las.

Grande transformação foi-se operando no íntimo dessa pessoa. Sonhos e percepções vinham-lhe à consciência ao longo do tratamento, sinalizando o que deveria ser transcendido e os novos passos a serem dados. Participava também de estudos em grupo sobre temas espirituais, que lhe davam a luz necessária para o prosseguimento de sua jornada. Sua fisionomia foi-se descongestionando, tornando-se mais radiante, e todo o seu ser passou a vibrar de forma mais pura. Com o tempo ficou totalmente livre da dor, apesar das grandes provas que teve ainda de enfrentar na vida.

---

[3] Vide GUIA PRÁTICO DE TERAPÊUTICA EXTERNA, do mesmo autor, Editoras Cultrix/Pensamento, onde os pedilúvios são descritos com maiores detalhes.

[4] Vide GUIA PRÁTICO DE TERAPÊUTICA EXTERNA, do mesmo autor, Editoras Cultrix/Pensamento, onde as lavagens intestinais e os banhos de imersão são descritos com maiores detalhes.

Mais tarde, um pensamento aflorou-me à mente, estando ela em silêncio: O instrumento mais eficaz para levar o homem a aperfeiçoar o desapego é o sofrimento. Nada é mais amargo do que sofrer, mas também nada é mais doce do que fazê-lo sem padecer, por se ter oferecido a dor ao cumprimento de uma Vontade maior.

Não podemos reter o fluxo da corrente divina. Não podemos deter o coração em nada que não seja o Criador. A liberdade é encontrada apenas na completa rendição. Portanto, dispamo-nos do passado e avancemos sempre, sem olhar para trás.

Essência de poncã: a restauração da rede vascular

Um dia, em minha correspondência, duas cartas destacaram-se das demais. Em uma delas, recebia a informação de que um conhecido iria submeter-se a uma cirurgia muito delicada. Em viagem de avião para uma cidade distante, apresentou sintomas neurológicos agudos, e no hospital onde logo se internou chegou-se em pouco tempo ao diagnóstico de *aneurisma cerebral*.

Na segunda carta, outra pessoa relatava-me detalhes de um quadro neurológico, semelhante ao anterior, que ela havia desenvolvido de forma um pouco menos aguda. Depois de exaustivos exames, foi detectado, por fim, um tumor vascular na cabeça, chamado *angioma venoso cerebral*.

O *aneurisma cerebral* é uma dilatação, localizada e anormal, de artérias que irrigam o cérebro, dilatação esta que pode aos poucos comprimir as estruturas nervosas vizinhas. O risco de um aneurisma romper-se é grande, com conseqüências mais ou menos sérias. O *angioma* é um tumor, geralmente benigno, composto de vasos sanguíneos ou linfáticos crescidos de forma desordenada; no caso relatado, tratava-se de um tumor de veias do cérebro. À medida que se desenvolve, o angioma cerebral pode provocar sintomas neurológicos, também decorrentes da compressão, e romper-se. Apesar de serem processos distintos em sua origem, logo percebi que um fio invisível os unia.

A vida humana normal, como já dissemos, é voltada de modo quase exclusivo para a satisfação de desejos, para o acúmulo de bens materiais, para a luta pela sobrevivência e para outros fins egoístas e ilusórios. A atividade psíquica humana, quando se ocupa apenas desse lado material da vida, gera aglomerados energéticos densos e negativos, que se acumulam ao longo das encarnações. Quando em uma delas surgem conjunturas especiais, eles se condensam e descem de plano. Chegando ao etérico-físico, podem acometer então, de distintas maneiras, tanto o cérebro quanto outras áreas do corpo.

A rede vascular permite que ancorem e circulem no sangue correntes de vida cósmica que sustentam e impulsionam o organismo. Agressões contra essa vida cósmica em encarnações sucessivas geram tais aglomerados psíquicos densos que são atraídos para a intimidade da estrutura vascular, alojam-se nela, lesam-na e provocam assim distintas manifestações. Nos três casos citados — enxaqueca, aneurisma cerebral e angioma venoso cerebral — as áreas de choque são a rede vascular do cérebro.

Na *enxaqueca*, a sobrecarga acumulada produz apenas disfunções nos vasos sangüíneos, o que gera espasmos, em diferentes intensidades, que vão desencadear os diversos sintomas. No *aneurisma cerebral* essa sobrecarga aprofunda sua ação deletéria e chega a lesar a estrutura interna das paredes dos vasos, propiciando sua dilatação anormal, seguida de deformação e eventual ruptura. No *angioma cerebral* essa atuação desce ainda mais à intimidade da formação orgânica, alterando o próprio desenvolvimento dos vasos, levando a uma proliferação anômala de seus componentes e causando assim a formação de uma massa tumoral.

Todas essas patologias têm caráter hereditário, mais ou menos explícito, e resultam de predisposições cármicas trazidas de outras vidas.

O *óleo de poncã* atua também poderosamente na dissolução desses aglomerados energéticos. Como os sintomas dessas enfermidades são profundas tendências à deformação, deve-se associá-lo à *tintura de tabaco*[1], que exerce ação antideformante, capaz de neutralizar tendências destruidoras do corpo astral. Compressas[2] dessa mistura são aplicadas na nuca e na testa.

Quando se constata a necessidade de cura em algum dos corpos de um indivíduo, na maioria das vezes não se pode fazer nada por ele diretamente; pode-se apenas manter a atitude de abertura e entrega ao Alto, deixando que aja a energia que de lá provém. Para a verdadeira cura é necessária a aquiescência total do ser. É então que os diversos procedimentos terapêuticos externos podem cumprir seu papel.

---

[1] Vide "Identificação botânica das plantas", na página 225.

[2] Vide descrição da compressa, na página 212.

Essência de rosmarinho: o apoio à dinâmica cardíaca

Um conhecido aguardava, há anos, para se submeter a uma cirurgia na coluna cervical. Sofria de dores intensas e constantes nos braços, pois um crescimento ósseo anormal de algumas vértebras do pescoço comprimiam parcialmente as raízes nervosas que os supriam. Essas dores limitavam seus movimentos. Várias vezes a cirurgia tinha sido protelada, pois ele apresentava também arritmia cardíaca rebelde ao tratamento convencional.

Oprimido pelas dores e cansado de esperar, um dia ele nos pediu ajuda. Pouco antes do nosso primeiro encontro, abri um livro espiritualmente inspirado e deparei com trechos que pareciam escritos para aquele caso. Diziam que as enfermidades cardíacas devem ser tratadas com essências, pois o funcionamento do coração está energeticamente ligado ao processo respiratório. Diziam também que para reequilibrar esse funcionamento devem-se utilizar, como base, vibrações etéricas. Sugeriam a colocação de algumas gotas de determinados óleos essenciais em água fervente para que, aspirando o vapor assim energizado, se conseguissem efeitos vasodilatadores ou vasoconstritores capazes de sanar as oscilações do ritmo cardíaco.

Baseado nessa inspiração, durante seis semanas repetimos o seguinte procedimento: duas vezes ao dia – pela manhã, quando a pessoa acordava, e à noite, ao se recolher – colocámos gotas de pura essência de rosmarinho[1] em um pequeno vaso com água e o mantivemos aquecido por uma fonte de calor. Vapores suaves e penetrantes exalavam-se, expandiam-se pelo quarto e eram inalados.

Rosmarinho

[1] Vide "Identificação botânica das plantas", na página 225.

Os efeitos foram marcantes e rápidos. A partir da segunda semana a freqüência dos batimentos cardíacos se normalizou e estabilizou, e assim permaneceu pelas seis semanas seguintes.

Outras grandes transformações processaram-se naquele ser. A cirurgia foi suspensa, pois as dores dos braços regrediram sensivelmente pelo tratamento complementar recebido[2].

Segundo o Ensinamento, o coração deve ser puro para que sua irradiação seja curativa. É apenas pela entrega incondicional da própria vida ao Único Senhor que a cura verdadeira pode acontecer no ser humano.

---

[2] Compressas de pomadas: *Ricinus/Stannum* e *Resolutiva*, de forma alternada, na região do pescoço; compressas regeneradoras para o fígado com o chá "*Triflores*" (vide composição, atuação e indicações na página 185). Vide maiores informações sobre as pomadas no livro O ETERNO PLANTIO, do mesmo autor, Editoras Cultrix/Pensamento.

Pelargônio:
a liberação da asma

Durante algum tempo acompanhei, a distância, o processo de alguém que havia décadas padecia de uma asma que não lhe dava tréguas. Ele já tinha tentado diversas formas de terapia, com resultados apenas paliativos e temporários; os sintomas oscilavam ao sabor de circunstâncias externas e internas, sobre as quais ele não tinha nenhum controle. Por fim, pôs-se a fazer uso de corticóides e de broncodilatadores alopáticos, pois essa era a única forma que conseguira para respirar um pouco mais livremente.

Numa de suas crises agudas fui chamado para atendê-lo. No encontro percebi um forte apelo seu, inconsciente, para ajudá-lo a sair daquele estado. Combinamos então um tratamento sistemático, com medicamentos, banhos de imersão e outras terapias.

A asma[1] é uma doença em que influências emocionais e psíquicas são bem determinantes. A grande maioria dos casos tem início já na fase de formação embrionária, quando o ser recebe, de maneira acentuada e quase contínua, o impacto da carga psíquica conflituosa existente ao

[1] E doenças semelhantes, como bronquite asmática, bronquite alérgica e outras.

redor, não só vinda dos pais, mas de todo o ambiente. Essa carga lesa, sobretudo nos primeiros meses de gestação, a delicada mucosa pulmonar[2] em fase de consolidação. O contato posterior dessa mucosa sensibilizada com fatores alergênicos (como pós, mofo, pólen, cheiros fortes) desencadeia as manifestações asmáticas.

A normalidade da respiração depende do equilíbrio do relacionamento entre o corpo físico-etérico e o emocional, na área dos pulmões. Certos extratos vegetais contribuem de forma efetiva em casos de desequilíbrio dessa interação. Por um lado, pode-se usar a tintura alcoólica feita com cascas de barbatimão[3] (*Barbatimao TM*). Sua forte ação adstringente atrai o corpo astral para um entrosamento mais harmônico com o corpo físico-etérico. Este, por sua vez, pode ser fortalecido para recebê-lo com o auxílio da tintura alcoólica da erva carqueja[3] (*Baccharis TM*), possuidora de potentes princípios amargos vitalizadores. Assim, pelo uso sistemático e prolongado desses extratos, pode-se favorecer a correta dinâmica da esfera pulmonar. A resposta do organismo a esses estímulos é bem perceptível, principalmente nas crianças, pois seus corpos são ainda flexíveis e a interação entre eles é bem fluida.

O ser humano costuma gerar e acumular ao longo da vida muitos ressentimentos, mágoas, preocupações, frustrações, ódios, conflitos e outros sentimentos negativos, que acabam por se cristalizar na contraparte sutil da área do tórax. Essa tendência agrava o estado dos que têm asma, ou predispõe também a ela.

---

[2] Mucosa pulmonar é a membrana que reveste o interior dos pulmões.

[3] Vide "Identificação botânica das plantas", na página 225.

Ao atender àquele conhecido, percebi a necessidade de algo que pudesse aliviá-lo de tais cargas negativas. Procurei sintonizar com essa necessidade e abri-me para prestar-lhe ajuda.

Um dia, passando por um jardim, fui envolvido por um aroma suave e penetrante. Parei, e meus olhos foram atraídos para uma bela planta viçosa, radiante, à qual nunca tinha dado maior atenção.

Pelargônio

Bastou tocar delicadamente a planta para nova onda de perfume envolver-me. De um modo intuitivo instantâneo, compreendi que seus óleos essenciais poderiam colaborar na dissolução de cargas negativas condensadas na esfera do sentimento humano, a área do coração e do tórax.

Aquele vegetal foi logo identificado como pelargônio[4].

Durante várias semanas aplicamos cataplasmas na região do tórax daquela pessoa com as folhas maceradas dessa planta, envolvidas em pano de algodão bem fino. Apoiada por um tratamento medicamentoso[5], a resposta não tardou, e aos poucos as cargas cristalizadas foram-se dissolvendo. Paralelamente a tudo isso, ela assumiu um trabalho consciente de liberação de mágoas e ressentimentos, e aprendia a envolver tudo e todos em uma amorosa onda de perdão. Grandes transformações foram-se operando no seu íntimo. A cura interna dessas cargas repercutiu de forma favorável na evolução da asma, que foi cedendo gradativamente, diminuindo de intensidade, até desaparecer quase por completo.

---

[4] Vide "Identificação botânica das plantas", na página 225.

[5] *Baccharis* TM, *Barbatimão* TM, *Erythrina* TM, entre outros medicamentos. Vide também a forma de usá-los na página 201.

Polyanthes:
a sublimação da energia sexual masculina

Grandes mistérios ocultam-se nas pequeninas coisas. As mais diminutas sementes podem revelar-nos a profunda sabedoria que permeia a natureza. Recentemente, um simples fenômeno natural ajudou-me a aprofundar essa visão.

Em meados do inverno, toda a paisagem da região em que nos encontramos tinge-se dos tons alvos e irradiantes das incontáveis flores do arbusto vernônia[1] e, ainda, enche-se de seu puro aroma silvestre. Após um ciclo de floração exuberante, parece que esses vegetais param no tempo. Durante muitas semanas suas formações florais vistosas e belas, já fecundadas, apresentando tons fortes de marrom escuro, mantêm agrupadas suas sementes maduras, como que aguardando um sinal para liberá-las. A planta inteira dá a impressão de estar contida, sob tensão, prestes a explodir. A terra seca, sob o sol claro do inverno, acentua ainda mais essa impressão.

---

[1] Vide "Identificação botânica das plantas", na página 225.

Vernônia,
arbusto jovem

Após longo período de estiagem, chega a tão esperada chuva para saciar a terra, há muito sedenta. E, depois, algo mágico parece desencadear-se com o calor generoso do sol: aos poucos, esses arbustos ressequidos despertam e começam a lançar miríades de sementes; elas se soltam alegres pelo ar, carregadas por pequeninos pára-quedas. Esse bailado, belo e inesperado a que assisti numa manhã, pareceu deslocar algo em minha consciência, trazendo-me compreensão maior daquelas manifestações.

Vernônia,
detalhe do galho florido

As condições ambientais das regiões de cerrado[2] não permitem à maioria das plantas que nelas vivem desenvolver-se adequadamente em determinadas épocas do ano. O solo árido, o Sol radiante em um céu sem nuvens, as chuvas parcas e esparsas e os ventos fortes exigem dessas plantas esforços e adaptações à altura.

A vernônia desenvolveu recursos de grande eficiência para disseminar-se nessas regiões. Além do imenso número de sementes produzidas em cada floração[3], criou mecanismos para liberá-las somente quando as condições de umidade do solo permitam sua pronta germinação. Assim, são mantidas em estruturas fechadas — os chamados capítulos florais[4] —, que só recebem o comando para se abrirem quando são umedecidas e a seguir aquecidas pelo sol, o que ocorre logo nas primeiras chuvas da estação. Quando os capítulos florais se dilatam, eles se abrem e liberam as sementes, que logo expandem seus pequeninos pára-quedas e se lançam aos ares. Entregues ao vento, podem viajar distâncias maiores; produzidas em profusão, seu número pode suplantar todas as resistências que irão enfrentar.

Todos esses artifícios, engenhosamente criados pela consciência maior que preside ao reino vegetal, constituem

---

[2] Cerrado é uma área de vegetação bem específica, típica da paisagem botânica brasileira. Caracteriza-se pela presença de árvores de pequeno porte, retorcidas, de cascas grossas e distribuição raleada, e também pelo solo coberto de gramíneas. Em geral é sujeito a longos períodos de seca, o que induz o homem a agredi-lo com queimadas criminosas e irresponsáveis. Essa ação deteriora ainda mais o solo, normalmente ácido, pobre e pouco vitalizado.

[3] Um arbusto de porte médio é capaz de produzir mais de um milhão de sementes.

[4] Receptáculos em forma de discos, sobre os quais se agrupam minúsculas e múltiplas flores, formando aparentemente uma única flor.

a contraparte visível de um processo mais sutil e oculto. Por um lado, existe acoplado às sementes de vernônia um poderoso manto energético, expressão de sua grande força vital; por outro lado, o fenômeno da liberação das sementes é a pronta resposta da vernônia a leis e ciclos cósmicos bem definidos, plenos de sabedoria. A própria gradação cíclica anual da luz, do calor e da chuva obedece ao ritmo das estações do ano, que por sua vez refletem uma interação harmônica e exata da Terra com o Sol, e deste astro com estrelas e constelações distantes, determinando também sua exposição a diferentes correntes de energia cósmica. Essas interações, sob a regência de uma inteligência maior, influenciam os ritmos de todas as formas de vida manifestadas no planeta.

Essa dinâmica polar e complementar, de contração e expansão, de contenção e liberação, impregna o campo energético das sementes, expressando-se até em sua estrutura externa (vide figura).

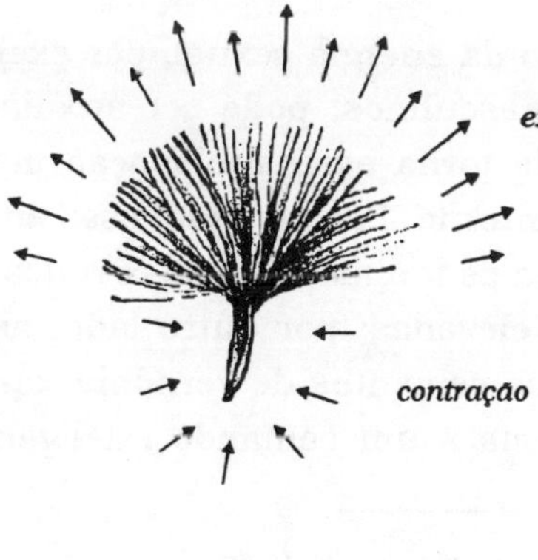

Vernônia, semente

Na semente propriamente dita concentra-se a dinâmica de contração, a tendência centrípeta que aglutina a vida dentro da matéria e ali a sustenta. No pára-quedas ancora a dinâmica de expansão, de tendência centrífuga, que se coliga com correntes de vida cósmica que criam as plantas, lhes dão forma e as regem.

Do ponto de vista botânico, esse pára-quedas confere às sementes maior possibilidade de serem levadas pelo vento e terem ampla disseminação. De um ponto de vista sutil, os fios desse pára-quedas, que partem de um centro (a semente) em direção à periferia (o cosmos), acompanham correntes cósmicas invisíveis que lhes dão forma radial. Esses fios conectam também as sementes com correntes de energia antimaterial, que as permeiam e vitalizam, parecendo anular nelas a ação da força gravitacional.

Essa dinâmica de energias pode ser liberada em laboratório pelo método da dinamização[5] e transferida para um medicamento útil em certos processos que ocorrem no ser humano. Ao medicamento assim elaborado demos o nome de *Polyanthes*, preparado em diferentes níveis de sutilização: S1, S2 e S3.

A sublimação da energia sexual, por exemplo, sobretudo em corpos masculinos, pode ser auxiliada por esse medicamento — ele torna essa sublimação mais dócil aos comandos do ser interno. Por um lado, essa energia é a expressão mais densa de forças criativas cósmicas poderosas, que precisam ser elevadas; por outro lado, as qualidades sutis, imanentes às sementes de vernônia, apontam o caminho de obediência a um comando inteligente superior,

---

[5] Vide O ETERNO PLANTIO, capítulo "Dinamização das substâncias: uma porta entreaberta", do mesmo autor, Editoras Cultrix/Pensamento.

também presente no ser humano e que verdadeiramente o rege.

No período em que desenvolvíamos a pesquisa com o *Polyanthes*, tive um sonho que lhe dizia respeito. Encontrava-me, no sonho, dentro de uma casa grande, e seus cômodos estavam iluminados pela luz do dia. Como percebi que a tarde caía e que não tardaria a escurecer, comecei a fechar as inúmeras janelas. Ao chegar aos últimos quartos, tive um vago pressentimento de que depararia com algo negativo em um deles, e experimentei uma sensação de medo. Apesar disso, prossegui firmemente e, quando cheguei ao último cômodo, já bem escuro, pude ainda divisar algo negro sobre uma cama, na região dos pés. Sabia que aquilo correspondia a núcleos de forças instintivas, e elas logo procuraram envolver-me. Tentei então resistir, o que não foi o correto para lidar com elas, e acordei.

Ao acordar, percebi que pela primeira vez não tinha ficado envolvido com o desfecho daquele tipo de experiência, e estava sereno. Um estudo grupal trouxe-me por fim a chave para a compreensão do sonho e para futuros confrontos que viesse a ter com tais forças.

Quando buscamos a sublimação das forças instintivas, quando abrimos as janelas de nosso ser (nossa casa) às energias de purificação, de transmutação e de cura (a luz), núcleos ocultos dessas forças vão sendo desalojados e emergem de alguma forma em nossa consciência. No confronto com essas forças, o ideal é mantermo-nos o mais neutros e serenos possível, sem nos envolvermos com elas: nem ceder aos seus apelos, nem tentar resistir a elas. Só assim o ser interno pode ir dissolvendo-os sem que tenhamos de participar conscientemente disso.

Forte é o chamamento da luz em cada um de nós. A

ele devemos dar pronta resposta e dedicar nossa existência, por maior que seja o empuxo que nos atraia à obscuridade. A transfiguração da matéria em luz é a meta à qual o planeta, a humanidade e cada ser humano se dirige. Essa senda de sutilização, à medida que for trilhada sincera e ardentemente, possibilitará que mundos distantes se revelem à consciência renovada e ampliada do ser humano.

Datura:
a sublimação da energia sexual feminina

Os vegetais são importantes nos processos de cura, não apenas por fornecer a base adequada para medicamentos, mas também por sua presença viva, por levar harmonia aos ambientes.

Por várias semanas vinha acompanhando o desenvolvimento de uma planta que se destacava das demais no jardim. Seu magnetismo era poderoso, sua beleza silenciosa atraía, sua delicadeza irradiava-se a distância. Nada tinha de supérfluo ou desarmônico, crescia de modo vivo e preciso. Passamos a chamá-la de datura, parte de seu nome botânico[1], pois não conhecíamos seu nome popular.

Surgiu de uma semente que ninguém havia plantado e sempre se duplicava na extremidade, apresentando em cada etapa um par de folhas com um belo botão floral no centro. Deixamo-la crescer livre, sem interferências, e ela pareceu tomar a forma de um cubo. Suas folhas, sedosas e delicadas, tinham tons prateados e delas emanava uma luminescência quase etérea. Os botões florais abriam-se de

[1] Vide "Identificação botânica das plantas", na página 225.

Datura

madrugada, e pela manhã viam-se flores brancas irradiantes. Visitadas de modo assíduo e impetuoso pelas abelhas, feneciam até o final do dia.

Em dado momento, ao estar em silêncio junto àquela planta, algo mais profundo de sua natureza pareceu revelar-se a mim. Todas as qualidades que havia percebido nela e que pareciam defini-la bem eram características da energia feminina. Pude compreender, então, porque tudo nela era mais oculto, receptivo, silencioso e interiorizado. Contrapôs-se em minha mente a imagem viva do *Polyanthes,* que expressa aspectos masculinos, características extrovertidas e dinâmicas.

Percebi também, movido pela conjuntura que se criou ali, que aquela planta poderia auxiliar na sublimação da energia sexual em corpos femininos, tornando-a mais receptiva ao comando do ser interno. Para isso, vi que se deveria usar, de cada uma das quatro extremidades da planta, um botão floral prestes a se abrir, ou seja, a flor ainda virgem, não polinizada pelas abelhas. Eles deveriam ser colhidos na noite de plenilúnio, para que o contato com as energias cósmicas refletidas pela luz da Lua estivesse ainda mais intenso neles.

Assim foi feito. Os botões florais, secos e transformados em pó, foram então submetidos ao processo da dinamização em diferentes níveis de sutilização, S1, S2 e S3[2]. Dessa maneira a energia presente neles pôde liberar-se e trasladar-se ao medicamento, a que demos o nome de *Datura.*

A partir das experiências com o *Polyanthes* e com a *Datura,* pude compreender melhor, em um momento de silêncio, uma lei sagrada que assim se enuncia:

---

[2] Vide O ETERNO PLANTIO, capítulo "Dinamização das substâncias: uma porta entreaberta", do mesmo autor, Editoras Cultrix/Pensamento.

A similitude vibratória é a chave para o aperfeiçoamento dos universos.

De planos superiores de consciência partem os arquétipos da vida na forma, que continuamente refletem a meta à qual os planos materiais devem dirigir-se. A abertura para o cumprimento dessa meta pode ser representada pelo *polyanthes* e pela *datura*. O cosmos dirige a expressão da força vital neles contida e do cosmos procuram ser espelhos fiéis. Com esse propósito vive, em linhas gerais, todo o reino vegetal, reino que expressa grande harmonia e beleza.

Parte 6

Reencontrando a luz

Se buscas a luz,
entrega-te a ela.

Olhos, janelas da alma

Durante um período, recebi inúmeras solicitações de pessoas que apresentavam problemas de vista e buscavam apoio ao tratamento que faziam. Parecia que essas solicitações eram parte de um movimento maior, pois não cessavam. Procurei então aprofundar-me no assunto para ir ao encontro dessas necessidades. As ajudas não faltaram.

As distorções que o ser humano foi apresentando ao longo dos tempos relativas à saúde de seus olhos revelam sua postura perante o lado transcendental da vida. Ele refletiu de forma quase sempre desvirtuada a luz espiritual que constitui sua verdadeira essência e que brilha no seu interior. Seus olhos, espelhos de sua relação com essa essência, desvitalizaram-se aos poucos e, em conseqüência, sofreram os mais diversos distúrbios e degenerações.

Hoje, aproximadamente dois terços da população mundial precisa usar óculos. E, tendo em conta que parte dos processos degenerativos dos olhos não se beneficia com o seu uso, podemos fazer uma idéia da condição de pouca visão a que chegou o ser humano. Essa condição externa retrata bem o estado em que se encontra a sua visão espiritual.

Por outro lado, nunca existiu no planeta conjuntura tão especial para a cura interior — que não significa, necessariamente, a eliminação de sintomas físicos, mas a libertação do pesado jugo do passado. A verdadeira cura, como já se disse, ocorre no âmago do ser e independe do que os corpos externos[1] expressem.

Apenas no seu mais profundo núcleo o ser humano encontra a energia de equilíbrio e de cura que faz dele um servidor. Cada indivíduo que optou pelo caminho da luz está tendo, nesta época, ajuda para reconhecer a parcela que lhe cabe no cumprimento de um grande Plano Evolutivo. As condições materiais adversas que porventura existam em sua vida externa podem ser suspensas, transformadas ou dissolvidas, permitindo a realização dessa parcela. O desapego, o auto-esquecimento e o serviço levam a consciência a reencontrar os elementos para viver segundo leis superiores, condição vital ao mundo de hoje.

Os olhos, órgãos que nos põem em contato com o mundo externo, constituem delicado e complexo aparato criado pela luz, para perceber a luz. Se a essência da luz não os permeasse, como poderiam registrá-la fisicamente? Um órgão reflete a essência do elemento sutil que o preenche e o modela. Só a luz pode curar nossos olhos e nossa cegueira espiritual, pois ela é o elemento primordial de todas as partículas criadas, é o vínculo do nosso ser com a origem.

---

[1] O corpo físico-etérico, o corpo emocional (também chamado astral) e o corpo mental.

Compressa regeneradora dos olhos

As condições de vida atuais em nada contribuem para a saúde dos olhos; pelo contrário, agridem-nos continuamente: luzes e ambientes artificiais; reflexos luminosos no asfalto, no concreto e no metal; poluição atmosférica; uso de televisão e computador; ausência do elemento verde, relaxante, proporcionado pelo reino vegetal; tensões e preocupações; alimentação desvitalizadora e carregada de produtos químicos.

Há vegetais que muito podem colaborar na recuperação de tão desgastados olhos. Podem-se usar apenas alguns deles, ou se possível todos, sob a forma de compressas, para um programa de cura suave. Obtivemos resultados efetivos com a seguinte composição, a que demos o nome de *Chá Regenerador dos Olhos*:

Alecrim-do-campo (flores)
Capim-cidreira (folhas)
Embaúba (folhas)
Eucalipto (folhas)
Marcela (flores)
Poncã (cascas do fruto)
Serralha (folhas)

As compressas, aplicadas regularmente e com a atitude correta — a de buscar a própria luz —, podem auxiliar no tratamento das diversas doenças degenerativas dos olhos, e também aliviar vistas cansadas, tensas e irritadas[1].

Podem servir como complemento aos exercícios de alongamento da musculatura ocular, descritos a seguir, empregados para tratar distúrbios de acomodação dos olhos.

À medida que nos aproximamos da nossa essência, aproximamo-nos também da essência das coisas e entramos em maior harmonia com a natureza. Portanto, o importante é abrirmo-nos reverentemente à luz divina presente no âmago do nosso ser e procurarmos manter com ela a mais estável sintonia possível.

---

[1] Vide maiores informações sobre preparo, aplicação, formas de uso e indicações dessa compressa no "Chá Regenerador dos Olhos", na página 182.

Exercícios de alongamento da musculatura ocular

Os olhos refletem aspectos de nossa vida emocional-psíquica. Receberam os impactos dos desvios pelos quais enveredamos ao longo de nossa jornada como seres humanos ainda carentes de sintonia com a luz interior. Nossos sentimentos e pensamentos influenciam diretamente sua condição física, e transformaram-nos em órgãos tensos, cansados e doentes.

Além da *Compressa Regeneradora dos Olhos* a que nos referimos, alguns exercícios simples de alongamento da musculatura ocular podem ser realizados para a sua recuperação. Apenas alguns minutos diários despendidos neles já melhoram a visão.

Alongamento estático

Mover os olhos para cima, ao máximo, sem contudo tensioná-los em demasia; permanecer assim por alguns segundos; a seguir, movê-los para baixo, ao máximo, também sem tensioná-los em demasia; movê-los depois para a direita e para a esquerda, sempre permanecendo nessas posições por alguns segundos; repetir essa seqüência 7 a 10 vezes.

⇧⇩ *mover ora para cima e ora para baixo*

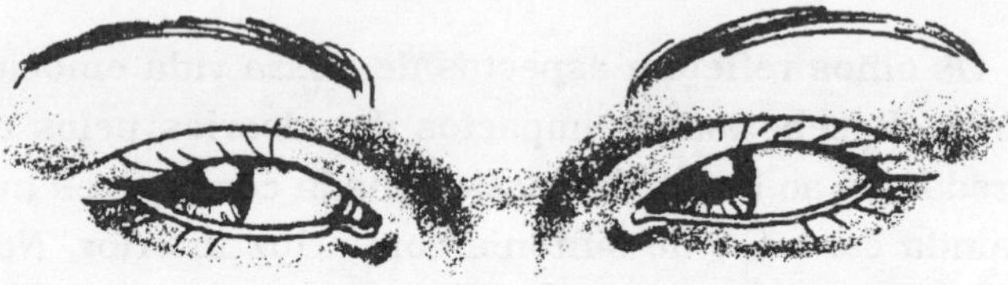

⇦⇨ *mover ora para direita e ora para esquerda*

Alongamento dinâmico

Mover circularmente os olhos 3 vezes para a direita e 3 vezes para a esquerda; repetir o esquema 10 vezes para a direita e 10 para a esquerda.

mover circularmente ora para a esquerda e ora para a direita

Pestanejar

Piscar suave e ininterruptamente os olhos de 20 a 30 segundos, sem tensão; a seguir, mantê-los fechados, em repouso, por alguns instantes. Pode-se fazer isso várias vezes, entre os outros exercícios e também sempre que lembrar no decorrer do dia.

Empalmar

Esfregar as mãos vigorosamente uma na outra e a seguir aplicá-las sobre os olhos. Permanecer assim por alguns instantes, em silêncio, "focalizando" o escuro e o vazio, entregando-se em atitude serena ao próprio mundo interno.

Olhar para o céu

Olhar para o céu claro (não para o sol!) e tapar ambos os olhos com as palmas das mãos, como no exercício de empalmar. Permanecer nessa posição, com os olhos fechados, durante mais de um minuto.

Em seguida, destapar os olhos e voltar a olhar para o céu, durante meio minuto, com eles bem abertos.

Repetir o exercício 10 vezes; pode-se fazê-lo também várias vezes ao dia.

É um poderoso estímulo para o interior dos olhos, pois mobiliza toda a sua musculatura intrínseca pela alternância rítmica da contração e da dilatação da pupila.

Acomodação dinâmica

Pegar um objeto ponteagudo (por exemplo, um lápis) e escolher outro mais distante (por exemplo, um objeto ou quadro dependurado na parede, uma janela, etc.).

Com o braço estendido diante dos olhos, segurar o lápis, tendo o objeto ou quadro à frente. Olhar alternadamente ora a ponta do lápis, ora o objeto, de 7 a 10 vezes, sem mudar a distância.

Pode-se fazer várias vezes esse exercício, na primeira com o braço totalmente estendido, e a cada vez ir aproximando o lápis dos olhos, até chegar à distância de aproximadamente 10 cm deles (ou, ao contrário, fazer a primeira vez com essa distância e ir afastando o lápis dos olhos, até o braço ficar totalmente estendido).

Pode-se também olhar pela janela algo a dezenas ou a centenas de metros de distância, aumentando um pouco a distância a cada dia.

Ao fixar alternadamente o objeto próximo e o distante, deve-se focalizar com precisão cada um deles.

Quando os olhos se cansarem, fazer o exercício de empalmar.

Esses exercícios podem ser realizados a qualquer hora do dia, na seqüência assinalada ou isoladamente, de acordo com o tempo disponível. É recomendável fazer toda a série pelo menos uma vez por dia.[1]

---

[1] Obra de referência OLHOS SÃOS POR GINÁSTICA OCULAR, de Ursula von Zehmen, Nova Editorial "Natura", Lisboa.

Carbolyc: dissolução do medo

O medo teve origem no ser humano quando ele assumiu forma física densa, quando mergulhou na materialidade. As condições inóspitas que os homens primitivos tiveram de enfrentar, estando então o planeta ainda geologicamente instável, em ativo processo de consolidação, contribuiu de modo significativo para que as vibrações do medo se fossem infiltrando neles e criando raízes. Toda a estrutura material dos corpos do homem foi impregnada pelas vibrações densas e paralisantes dessas forças. Vivências opressivas penetraram ao longo das encarnações os átomos de seu corpo físico, influenciaram sua estrutura genética e assim se perpetuaram. Com a compactação subseqüente e gradativa da matéria terrestre, esse estado foi-se solidificando em seu ser, condensando ainda mais a matéria de seus corpos.

Por isso, o medo existe hoje em nós não apenas em áreas do mundo psíquico subconsciente, mas também na estrutura orgânica. Permeia a matéria dos nervos, dos músculos, dos órgãos, de todo o corpo enfim, e principalmente dos ossos. Estes alojaram em suas entranhas as piores cargas, e se tornaram assim duros como são. E, já que o medo foi incorporado à estrutura física, passou a desempenhar nela uma função, a de ajudar a manter a coesão do organismo.

Quando o medo se desvia dessa função orgânica que lhe foi dada, a de ajudar a manter a coesão das substâncias e partículas minerais dos corpos, e invade a esfera da consciência, o organismo se enfraquece e os ossos se desmineralizam, pois se afrouxa a força que os mantém coesos. Assim, os que possuem uma condição psíquica impregnada pelo medo possuem também ossos frágeis. Como a vida humana normal é intensamente permeada de medos que se expressam de quase infinitas formas, não é de se estranhar que existam, sobretudo hoje, tantos distúrbios de desmineralização óssea[1] e do organismo em geral.

A atuação do *Carbolyc*[2] na dissolução de medos pode ser aprofundada quando ele é prescrito no nível de sutilização S4.

O licopódio, matéria-prima empregada na sua elaboração, pertence a uma classe de plantas que já existiam na época da Lemúria, e ele é hoje um dos remanescentes do reino vegetal desse passado longínquo. Naquela época, as plantas eram pouco estruturadas. Não possuíam caule, e em geral viviam diretamente na água ou em áreas úmidas. Suas formas eram rasteiras, simples, pouco especializadas. À medida que o ser humano foi materializando seu corpo físico, as plantas também foram-se condensando, o que lhes possibilitou criar um caule rijo e erguer-se do solo. Is-

---

[1] Osteoporose, principalmente na mulher, predispondo a fraturas espontâneas; distúrbios ortomoleculares, representados por quadros vários de desmineralização orgânica; grande incidência de cáries dentárias, entre outros.

[2] Vide CURAS PELA QUÍMICA OCULTA, capítulo "Síndrome do pânico — cura pelo Carbolyc", do mesmo autor, Editoras Cultrix/Pensamento.

so foi um marco decisivo em sua evolução, pois seus elementos superiores, como folhas, flores, frutos e sementes, desenvolveram-se a partir do surgimento desse caule. Os licopódios estavam entre as espécies que encarnaram o impulso à verticalização no reino vegetal — deram origem a gigantescas formas arbóreas, compondo florestas densas, que vieram a constituir muitas das nossas atuais jazidas de carvão.

Essa tendência dos vegetais a tornarem-se rígidos, a erguerem-se do solo, foi concomitante à consolidação da forma do ser humano e de seu esqueleto. Os licopódios, portanto, acompanharam desde os primórdios o desenvolvimento humano, passando pelas mesmas condições externas, atravessando as mesmas fases que a evolução lhes oferecia. Participaram juntos da dinâmica que a energia dirigente do planeta imprimia em todas as formas vivas que nele se manifestavam. Assim, criou-se um elo profundo entre tais plantas e a estrutura orgânico-mineral do ser humano. Isso concedeu ao licopódio a ciência de lidar com tal estrutura, e por essa razão ele é capaz de desalojar dela elementos e vibrações que não lhe correspondem.

Para liberar as qualidades transmutadoras do licopódio e transferi-las a um medicamento, torna-se necessário carbonizar sua parte orgânica — seu esqueleto carbônico pode então emergir livre, pois é nele que se encontram alojadas tais qualidades. Feito isto, o carvão resultante é dinamizado em diferentes níveis de sutilização: S1, S2 e S3.

Para a elaboração do Carbolyc S4, colocam-se para germinar esporos de licopódio[3]. Ao emergirem as primeiras

---

[3] Podem-se usar também diretamente plantas jovens de licopódio, em vez de plantinhas germinadas.

plantinhas, estas passam a ser irrigadas, três vezes ao dia, com água "energizada" pelo Carbolyc da seguinte forma: tomam-se 3 pequenos regadores cheios e em cada um deles acrescentam-se algumas gotas de Carbolyc S1, S2 e S3, respectivamente, misturando-se bem, a seguir. Por volta das 6h irriga-se com Carbolyc S1; por volta das 12h, com Carbolyc S2; por volta das 18h, com Carbolyc S3. Assim, as próprias plantinhas de licopódio vão realizando em si a síntese do Carbolyc S1, S2 e S3, transformando-se, elas mesmas, no S4 vivo[4], após algumas semanas de uso de tal técnica.

A matéria terrestre passa por uma sutilização progressiva, o que se dá também com os corpos dos seres humanos, principalmente nos que de modo consciente trilham o caminho evolutivo. Com a fluência da energia de níveis superiores, os medos podem ser dissolvidos e substituídos pelo amor, a verdadeira força de coesão do nosso universo.

---

[4] Para maiores informações sobre o S4, vide o capítulo "O nível S4: transpor as fronteiras da matéria", na página 136.

Uma nova oportunidade

Procurou-me uma vez um indivíduo que sofria, sem tréguas, de inúmeras espécies de medos. Sentia-se exaurido por esse estado, que o estava dominando de modo crescente. Em todas as situações de seu dia-a-dia, infiltrava-se esse sentimento paralisante, sem que ele pudesse controlar-se e diante do qual se tornava cada vez mais impotente. Desconhecia momentos de paz e ansiava ardentemente por ela.

Esse estado havia-se manifestado, conscientemente, sete anos antes, ao assumir uma função pública em que tinha de conviver com as mais diversas situações e dificuldades humanas e tentar resolvê-las. Apesar da presença do medo em seu ser como um pano de fundo, escuro e pesado, não deixava de assumir seus compromissos profissionais. Porém, dentro de si só via lutas, resistências e conflitos.

Na verdade, esse estado parecia ter-se implantado nele muito antes, em sua juventude. Naquela época, pôsse a usar a bebida como um meio inconsciente e brutal de fugir de si mesmo, e assim passou décadas alheio à sua própria condição interior. Porém, como existia nele um processo de cura em ato, havia um ano abandonara esse vício espontânea e quase completamente. Através de movimentos de seu mundo interno e por caminhos que lhe eram inéditos, chegou àquele nosso encontro. Se tivesse seguido a razão, nem mesmo esse encontro teria sido possível, pois não teria saído de casa e viajado sozinho mais de 400 km para enfrentar uma situação desconhecida.

Um fato interessante, confessado por ele com destaque, chamou-me a atenção: por mais paradoxal que pudesse parecer, o único medo que ele desconhecia era o de morrer!

Enquanto narrava, de forma pausada, esses aspectos externos de sua vida, eu o escutava em silêncio. Era como se parte do estado que procurava verbalizar fluísse para fora de si e o abandonasse. Com certa dificuldade ia trazendo à tona situações opressoras que, não achando eco que as confirmasse, eram dissolvidas pelas energias de cura presentes naquele momento, energias cuja ação silenciosa e profunda podia ser percebida mesmo sem a ocorrência de fenômenos externos.

Seu relato parecia confirmar-me, em detalhes, que lhe eram indicados dois medicamentos que acabáramos de elaborar. Um deles, o *Carbolyc*[1], fora criado para ajudar na dissolução dos mais diversos medos que oprimem o ser humano. O outro, o *Auronic*[2], para ajudar na elevação do padrão vibratório dos corpos materiais — o corpo físico-etérico, o emocional e o mental — e das partículas que os compõem. Esses corpos vão-se impregnando de vibrações densas ao longo das encarnações, vibrações geradas na existência não guiada por leis superiores. Por terem sua luz inte-

---

[1] Vide "Carbolyc: dissolução do medo", na página 126 e também CURAS PELA QUÍMICA OCULTA, do mesmo autor, Editoras Cultrix/Pensamento.

[2] Vide CURAS PELA QUÍMICA OCULTA, do mesmo autor, Editoras Cultrix/Pensamento.

rior oculta, os seres são atraídos, por afinidade, para situações correspondentes a essas vibrações e deixam-se levar por vícios e ilusões, passando então por opressões e sofrimentos de toda espécie. A mesma energia de cura que operava na pessoa durante nosso encontro podia também ser percebida claramente nesses medicamentos.

Após três semanas, em que ele fez uso regular desses preparados, vimo-nos novamente. Sentindo-se agora mais liberado de suas opressões, esse indivíduo relatou-me que depois do primeiro contato que tivéramos percebeu-se muito modificado, e já na viagem de volta tudo lhe parecera diferente. Grande parte do medo que o paralisava foi-se desvanecendo ao longo daquelas semanas. Estava dormindo melhor, e seu sono era mais profundo e regenerador, sem os pesadelos de antes. A compulsão pela bebida, ainda não totalmente dominada, atenuara-se e a relação com o tabagismo, outro vício que carregava há décadas, modificarase. Enfim, tudo em sua vida parecia estar em franca transformação.

Esse ser, que durante tanto tempo fugira de si mesmo, estava agora despertando para a oportunidade de dissolver os medos, de receber o perdão por falhas do passado; poderia, assim, libertar-se para reencontrar seu caminho evolutivo.

Ampliações no trabalho de cura

O planeta Terra passa hoje por transformações globais em sua superfície e em sua atmosfera. Em muitas regiões, as condições externas aproximam-se do caos. Guerras, falta de alimento e de água, superpopulação, contaminação do solo, do ar e das águas, radiação nuclear, enfermidades desconhecidas, poluição química, dissolução da camada protetora de ozônio da atmosfera, elevação da temperatura e conseqüente subida dos mares — todos esses fatos demonstram que já entramos em etapas avançadas de um profundo processo de purificação.

É cada vez maior o número dos que necessitam de apoio e cuidados especiais. Recebemos sinalizações precisas, por diferentes vias, para nos preparar interna e externamente para esse caos que se aproxima.

Segundo a lei espiritual, o suprimento não faltará se for estabelecida a correta sintonia com a Fonte. Um sonho confirmou mais uma vez a presença dessa sintonia em nosso grupo de serviço. Nele eu via duas carretas grandes, possantes, com cabines muito brancas, carregadas de materiais para a montagem de um hospital: aparelhos médicos, utensílios, peças de higiene e vasilhames, todos novos, limpos e brilhantes. As carretas subiam a estreita estrada de terra que dava acesso à casa onde moramos. A atmosfera de toda a área era clara e leve.

Daí por diante não faltaram confirmações de que todas as reais necessidades para a ampliação do trabalho de cura nas futuras situações de emergência seriam supridas. A correta sintonia do grupo é que iria promover a materialização de tudo o que nos planos internos já estava pronto. Víamos bem claro que, embora seja ainda limitado o conhecimento que como seres humanos temos da energia de cura, imensa é a disponibilidade dela nestes momentos cruciais para o planeta.

Esse preparo para futuras tarefas diante do caos que se aproxima dá-se não só com grupos, mas também com indivíduos. Cada ser que internamente se abre para o serviço incondicional, que cumpre as etapas do próprio caminho, recebe novas e mais amplas atribuições. O trabalho de cura planetário é vastíssimo, e as necessidades mundiais cada vez maiores. Cabe aos que são tocados pelo impulso interior ao serviço reconhecer, com gratidão, a poderosa ação da energia de cura em si mesmos e deixarem-se mover por ele. Assim, realiza-se a parte do Plano Evolutivo que lhes corresponde.

Nestes momentos agudos de emergência planetária temos de estar totalmente disponíveis para ocupar o posto que nos é assinalado, mesmo que encontremos inúmeras justificativas em contrário, por não nos sentirmos preparados para a função. Como a seara é imensa e os operários poucos, os que decididamente responderam ao chamado vão sendo remanejados para tarefas prioritárias, ou mesmo vão acumulando várias, de acordo com a regência interna dessa grandiosa operação de resgate do planeta e da humanidade. E, quando há remanejamentos, é importante não nos deixarmos abalar pelos movimentos externos que provocam. Se alguns deixam o que estavam fazendo para cumprir outros papéis, há os que devem levar adiante o que lhes corresponde daquela tarefa deixada.

A firme decisão de só querer o que é a meta do Plano Evolutivo deve ser a mola propulsora de todo ser humano que quer integrar-se na ordem superior do cosmos nestes momentos tão decisivos para o planeta. Uma parcela da humanidade está prestes a passar por grandes ampliações de consciência.

Via que novas responsabilidades e novas tarefas já estavam a caminho e que íamos sendo preparados para reconhecê-las e aceitá-las no momento oportuno.

Uma gratidão profunda, uma reverência silenciosa pelo mundo sagrado, pela energia que misericordiosamente conduz um planeta e uma humanidade em meio a tantas trevas e misérias, tal sentimento vivo é a única resposta do meu ser a tanta graça e a tanto amor.

O nível S4: transpor as fronteiras da matéria

Há alguns anos, pouco antes de escrever o livro O ETERNO PLANTIO[1], iniciei uma pesquisa com o método da dinamização, pois o que era conhecido até aquele momento ainda remontava à época de Hahnemann[2], médico alemão que há mais de 200 anos o intuiu e legou à humanidade.

Essa pesquisa permitiu atualizar o método tradicional de dinamização, ampliando-o. Foram criados novos procedimentos, que possibilitam a liberação mais global do potencial energético de uma substância através de níveis de sutilização da energia. Essa nova metodologia foi descrita naquele livro, que apresentou também os resultados da pesquisa, obtidos até então. Na época, uma percepção interna instantânea sintetizou-me todo esse trabalho. Via-me diante de um grande almofariz de porcelana, semelhante ao que usávamos no laboratório para a trituração de substâncias. Nele havia um pó para ser dinamizado, em que percebi, mergulhada, uma chave parcialmente visível.

---

[1] Vide O ETERNO PLANTIO, do mesmo autor, Editoras Cultrix/Pensamento.

[2] Samuel Hahnemann (1755-1843), criador da Homeopatia.

Essas pesquisas avançaram, e ainda estão em andamento. Para melhor apresentar aqui esses avanços, descreverei antes o nosso método da dinamização de forma resumida e, para isso, transcrevo alguns parágrafos do capítulo "Dinamização das substâncias: uma porta entreaberta", de O ETERNO PLANTIO.

> O desdobramento da energia de uma substância, ou seja, sua liberação e expansão pelo método da dinamização, *Método DDS*[3], não se dá de forma linear, mas sim por "saltos". Esses saltos são expansões dentro de um mesmo nível de energia, ou expansões de um nível para outro, e manifestam qualidades específicas. No primeiro caso, essas qualidades mantêm certa semelhança entre si, pois as expansões se dão no mesmo nível; no segundo, elas mudam em essência. Os padrões vibratórios tornam-se cada vez mais sutis à medida que a energia se expande.
>
> Isso se dá da seguinte forma: a energia liberada em cada nível, ou subnível, pelo Método DDS, alcança determinado limiar, onde vai sendo tensionada e dinamizada, ou seja, vai tendo seu padrão vibratório acelerado e energizado até chegar a um ponto de tensão que lhe permite saltar ao patamar superior, onde então apresenta qualidades diversas das anteriores. Continuando o processo, a energia é tensionada no limiar seguinte, até passar ao nível subseqüente. E assim, de patamar em patamar, ela vai-se expandindo, seguindo a ordenação interna própria de cada substância e de sua correspondente estrutura energética, molecular e atômica.
>
> O desdobramento sucessivo da substância e a crescente dinamização dos seus padrões vibratórios vão revelando qualidades cada vez mais sutis das diferentes energias que a compõem, além de permitir que outras vibrações, pró-

[3] Método de Diluição/Dinamização Serial.

prias de cada patamar alcançado, a permeiem de qualidades energéticas que originariamente não possuía, ampliando assim seu potencial de atuação.

✧ ✧ ✧

Método da Diluição/Dinamização Serial (*Método DDS*): para dinamizar uma substância, ou seja, para liberar seu potencial energético-curativo por esse método, procede-se da seguinte maneira:

Toma-se uma parte da substância em forma de extrato líquido ou de pó, que se dilui em 9 partes de um meio líquido ou sólido, respectivamente. No caso dos sólidos, tritura-se em seguida a mistura num almofariz de porcelana durante uma hora e tem-se, no final, a dinamização D1 (1ª dinamização decimal). Toma-se, a seguir, uma parte dessa dinamização D1, mistura-se novamente a 9 partes do diluente e tritura-se por mais uma hora, obtendo-se a dinamização D2 (2ª dinamização decimal). Da D2 toma-se uma parte e mistura-se em 9 partes do diluente; depois de triturada, obtém-se a D3, e assim sucessivamente.

No caso de um extrato líquido, este é diluído em água destilada e submetido a movimentos rítmicos durante 3 minutos, obtendo-se a dinamização D1; toma-se, a seguir, uma parte desse D1, mistura-se novamente a 9 partes do diluente e dinamiza-se por mais 3 minutos, obtendo-se a D2 (2ª dinamização decimal). Da D2 toma-se uma parte e mistura-se em 9 partes do diluente; depois de dinamizada, obtém-se a D3, e assim sucessivamente.

Pode-se também usar a escala centesimal para a diluição. Nesse caso, dilui-se a solução ou o pó de 1:100, tritura-se ou agita-se a mistura, obtendo-se analogamente a dinamização C1, C2, C3, etc.

✧ ✧ ✧

A liberação do potencial interno de uma substância depende não só dela — que é um aglomerado de diversas energias harmônicas entre si — mas também da escala de diluição utilizada no Método DDS, que pode ser decimal (diluição 1:10), centesimal (diluição 1:100), milesimal (diluição 1:1.000), ou outra qualquer. Essas diferentes escalas não significam apenas distintos processos formais ou quantitativos de diluição, mas funcionam como um "seletor de faixa vibratória", análogo ao seletor de freqüência de um aparelho de rádio convencional. Assim como neste podemos escolher uma freqüência específica, isolando-a do mar de freqüências da atmosfera terrestre, cada escala de diluição usada no Método DDS como que seleciona uma faixa determinada de vibrações no conjunto que compõe a substância. Esquematicamente poderíamos representá-lo do seguinte modo:

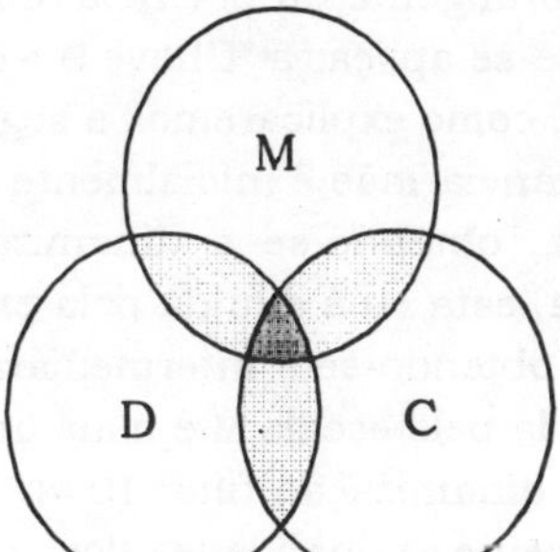

Figura 1

onde D representa as qualidades energéticas liberadas pela escala decimal; C, as liberadas pela centesimal e M, pela milesimal. Como se pode ver na figura, há qualidades específicas a cada escala (áreas claras dos respectivos círculos), há as que são comuns a duas delas (entre D e C, entre C e M, e entre M e D — áreas escuras periféricas), e há as que são comuns a todas (área mais escura, do centro). Todavia, é o conjunto formado pelas três escalas, com todas as suas nuanças, que representa um potencial energético mais global da substância.

A escala D libera as qualidades energéticas da periferia do nível em que esteja sendo empregada (subnível inferior); a escala C libera as qualidades das suas faixas intermediárias (subnível médio), e a escala M faz o mesmo com as que se situam mais no âmago do nível (subnível superior)[4].

Se for utilizada apenas a escala D na dinamização, os potenciais energéticos de C e de M não se desdobram, permanecendo em estado latente; se for utilizada apenas a escala C, são os potenciais de D e de M que não se expressam; e finalmente, se for utilizada apenas a escala M, o mesmo se dá com os potenciais de D e de C.

Para obter então um preparado que contenha um espectro mais abrangente do potencial energético de uma substância, deve-se aplicar a "Chave D > C > M" ao método de dinamização, como explicaremos a seguir.

A substância-mãe é inicialmente diluída pela escala D e dinamizada, obtendo-se a dinamização intermediária 1D; em seguida, esta 1D é diluída pela escala C e novamente dinamizada, obtendo-se a intermediária 1D–1C; esta 1D–1C é então diluída pela escala M e mais uma vez dinamizada, obtendo-se a dinamização final 1D–1C–1M. Assim liberam-se sucessivamente as qualidades dos subníveis inerentes àquele nível, e que correspondem ao potencial energético que se pode chamar de *primeiro nível de sutilização* (nível S1).

No nível seguinte, partindo agora de S1, a substância é mais uma vez submetida à chave D > C > M. Diluindo-a pela escala D e dinamizando-a, obtém-se a dinamização intermediária 2D; a seguir, diluindo-a pela escala C e dinamizando-a, obtém-se a dinamização intermediária 2D–2C; e fi-

---

[4] Os termos "inferior, médio e superior" aqui usados dizem respeito a níveis de padrões vibratórios, a graus de sutilização da energia, e não se referem a localizações espaciais nem correspondem a escala de valores.

nalmente, diluindo-a pela escala M e dinamizando-a, obtém-se a dinamização final 2D–2C–2M, que corresponde, então, ao potencial energético do *segundo nível de sutilização* (nível S2). E assim se prossegue, sucessivamente.

Poder-se-ia esquematizar esse procedimento da seguinte forma:

- S0 = Substância-Mãe
- S1 = S0 > 1D > 1C > 1M
- S2 = S1 > 2D > 2C > 2M
- S3 = S2 > 3D > 3C > 3M

ou pela seguinte figura:

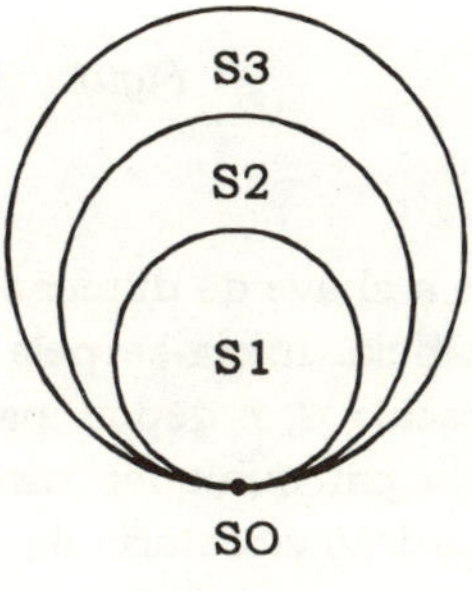

Figura 2

onde

- S0 é o nível no qual a energia se encontra na forma de substância material densa, ainda não dinamizada,
- S1 é o primeiro nível de sutilização da energia,
- S2 é o segundo nível de sutilização da energia,
- S3 o terceiro, e assim sucessivamente.

Sintetizando todo o processo, essa sutilização progressiva pode ser representada assim:

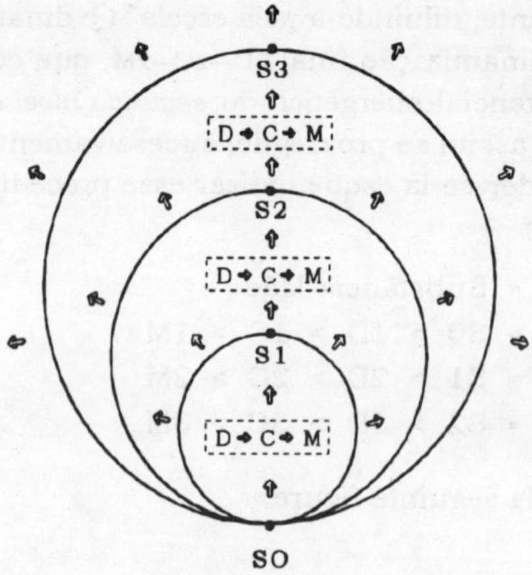

Figura 3

D > C > M é a chave de diluição e dinamização progressivas da substância. Inicia-se pela escala D, passa-se a seguir para a escala C, e depois para a M. Essa chave pode ser empregada em qualquer nível de sutilização, porém, ajusta-se ao padrão vibratório de cada um deles.

Pode-se dizer que o nível S1, cujo padrão vibratório está mais próximo da expressão material da substância, corresponderia ao nível do corpo físico-etérico, no ser humano; o nível S2, cujo padrão vibratório é intermediário, corresponderia ao nível do corpo emocional, e o S3, cujo padrão é mais sutil, corresponderia ao nível do corpo mental[5].

A passagem de S3 para S4 não se processa da mesma forma que as passagens anteriores de um nível para outro. S4 é uma síntese de S1, S2 e S3, mas não é apenas uma soma quantitativa e qualitativa da energia neles presente. Es-

[5] Trata-se aqui de correspondências entre padrões vibratórios, não de indicações de uso.

se nível não depende diretamente da organização energética da substância, mas é algo essencialmente novo, que só pode ocorrer quando o impulso, necessário para a sua manifestação, vem de uma esfera superior. Poderíamos representá-lo assim:

- S4 = S1 ▷ S2 ▷ S3

Quando não existem as condições externas e internas para que o novo possa emergir, a energia de uma substância dinamizada passa por um desdobramento progressivo natural, no qual se vão dando expansões menores, próprias das passagens de nível para nível. O desconhecido deixa então de ocorrer e permanece como potencial oculto.

A partir do nível S4 o processo transcorre como o já descrito, usando-se a mesma chave D > C > M. Criam-se então os níveis S5, S6 e S7, respectivamente. Teríamos:

- S4 = S1 ▷ S2 ▷ S3
- S5 = S4 > 5D > 5C > 5M
- S6 = S5 > 6D > 6C > 6M
- S7 = S6 > 7D > 7C > 7M

Assim como a personalidade é absorvida pela alma, esta é atraída gradativamente por núcleos de consciência superiores, que se vão elevando também, até que a síntese de todos eles seja incorporada pela mônada[6].

Na imagem descrita no início deste capítulo havia uma chave semicoberta no almofariz; assim se deve compreender o nível S4, cuja revelação ainda não estava explícita e aguardava uma conjuntura adequada.

Por muito tempo essa imagem permaneceu sublimi-

---

[6] **Mônada**. É o núcleo de consciência fundamental do ser humano em sua atual etapa de evolução.

nar em minha consciência, emergindo de quando em quando, para logo a seguir mergulhar de volta nas profundezas do ser. Em serena expectativa, procurava manter-me receptivo e atento.

Certo dia, em meio a atividades rotineiras, uma percepção rápida imprimiu-se em minha mente. Traduzindo-a em palavras, pois não era audível, pode-se dizer o seguinte:

S4 é a interação de S1, S2 e S3.

Colocar sementes para germinar, irrigá-las com S1, S2 e S3.

Sintético e preciso é o mundo interno!

A partir daí, novas impressões vieram. Confirmavam que uma interação de energias não é apenas a soma quantitativa e qualitativa de cada energia em particular; é uma síntese superior, em geral desconhecida da mente racional humana, que lida basicamente com leis materiais. É como a alquimia, que pode transformar metal comum em ouro, a matéria em luz, ou mesmo a natureza humana em natureza divina.

O reino vegetal, um reino que vive dentro da lei espiritual, constitui um grande laboratório de luz: trabalha continuamente com processos alquímicos ocultos, também desconhecidos para o ser humano. Ele, sim, é capaz de criar uma interação verdadeira entre os níveis de energia S1, S2 e S3. Pela percepção que eu tivera, ficou clara a forma de criar o nível S4, apenas a partir das plantas citadas no capítulo "Metais vegetabilizados e cura" do livro CURAS PELA QUÍMICA OCULTA[7], ou seja, a partir da persicária (*Polygonum*

[7] Do mesmo autor, Editoras Cultrix/Pensamento.

persicaria), do rubim (*Leonurus sibiricus*) e do cordão-de-frade (*Leonotis nepetaefolia*). Para isso, colocam-se para germinar sementes de cada uma delas. Ao despontarem os brotos, essas plantinhas passam a ser irrigadas apenas com água "energizada" com o metal vegetabilizado correspondente em sua forma dinamizada, ou seja:

- Persicária: com *Pirita/Persicaria* S1, S2 e S3;
- Rubim: com *Cuprum/Leonurus* S1, S2 e S3;
- Cordão-de-frade: com *Aurum/Leonotis* S1, S2 e S3.

As plantinhas recebem os impulsos energéticos do metal vegetabilizado na água. A rega deve ser feita três vezes ao dia, usando-se o metal vegetabilizado, em níveis de sutilização crescentes. Assim, às 6h irriga-se com o nível S1; às 12h, com o nível S2; às 18h, com o S3. Gradativamente elas realizam a síntese dos diferentes impulsos, incorporando-os em sua estrutura vegetal. Deve-se repetir esse procedimento até que o ser das plantas se expresse claramente. No final do ciclo das regas, que pode durar de uma a três semanas, ou mais, cada plantinha transforma-se, ela própria, no nível S4 vivo!

Para o preparo dos medicamentos no nível S4, usamos, então, os seguintes elementos:

- Planta a semear: persicária.
  Metal vegetabilizado para rega: *Pirita/Persicária* S1, S2 e S3.
- Planta a semear: rubim.
  Metal vegetabilizado para rega: *Cuprum/Leonurus* S1, S2 e S3.
- Planta a semear: cordão-de-frade.
  Metal vegetabilizado para rega: *Aurum/Leonotis* S1, S2 e S3.

O padrão vibratório do nível S4 corresponde ao do nível do corpo da alma do ser humano, do eu superior. Usando a analogia referente aos corpos mencionada antes, pode-se dizer que a alma não é a soma das qualidades dos veículos inferiores[8], ou ao aperfeiçoamento máximo de uma personalidade integrada, mas é, em essência, algo totalmente novo, outro nível de consciência, ainda que inclua a síntese das qualidades de seus veículos.

A chave dentro do almofariz desvelou-se um pouco mais; porém, permanece ainda parcialmente oculta, aguardando novas descobertas.

---

[8] Corpo físico-etérico, corpo emocional e corpo mental.

Distribuição gratuita de medicamentos

Grandes servidores da humanidade que contribuíram no campo da cura enfatizaram a necessidade de distribuir os medicamentos gratuitamente.

A Medicina, criada para propiciar a verdadeira cura, desvirtuou-se e afastou-se de sua sublime tarefa. Só a reencontrará no ciclo vindouro da Terra, quando a cura, como processo que leva o homem a integrar sua vontade pessoal na vontade espiritual e cósmica que existe no âmago do seu ser, se instalará mais amplamente. O exercício da Medicina será assumido, então, como genuína *arte de curar*, em que não haverá lugar para sectarismos nem para comercialização de dons. Entretanto, algumas sementes vêm sendo lançadas, tendo em vista essa libertação.

Segundo o Ensinamento, antes que um médico possa lidar direta e profundamente com a energia de cura, ele tem de viver certas etapas: após ter exercido a profissão de maneira comum, passa a fazê-lo sem fins lucrativos; em seguida torna-se um curador não remunerado e, depois de ter sido provado nesse campo, passa a atuar em níveis mais internos.

Na obra de Hahnemann: ORGANON DA ARTE DE CURAR, há o seguinte parágrafo:

§271. "Se o próprio médico prepara seus medicamentos homeopáticos, como deve fazer sensatamente para salvar os doentes de suas doenças(*), pode usar a própria planta fresca, visto que só um pouco da substância crua será necessária..."

"(*)Até que o Estado, no futuro, após haver atingido uma compreensão da indispensabilidade de medicamentos homeopáticos perfeitamente preparados, os fará preparar por uma pessoa competente e imparcial, a fim de dá-los gratuitamente a médicos homeopatas, treinados em hospitais homeopáticos, que tenham sido examinados teórica e praticamente, e assim legalmente qualificados. O médico pode, então, convencer-se desses instrumentos divinos de curar, e também dá-los gratuitamente a seus pacientes, sejam eles ricos ou pobres[1]."

Outro grande servidor da humanidade, Rudolf Steiner[2], reafirmou há 70 anos a necessidade de os medicamentos serem distribuídos de graça, acentuando que são muito mais ativos quando doados.

Por meio dos livros que temos publicado e da prática de pesquisas na área de medicina, saúde e cura espiritual, propomo-nos a contribuir para a elucidação e difusão dessa verdade fundamental. E, ainda citando palavras de Hahnemann, podemos dizer: "A verdade é eterna como a própria divindade. Ainda que os homens possam negligenciá-la por muito tempo, chegará por fim o dia em que, cumprindo os altos desígnios da Providência, seus raios penetrem a nuvem das preocupações e derramem sobre a espécie humana uma claridade benéfica que nada será capaz de extinguir".

---

[1] ORGANON DA ARTE DE CURAR, de Samuel Hahnemann, publicado pelo Grupo de Estudos Homeopáticos Benoit Mure, São Paulo.

[2] **Rudolf Steiner** (1861-1925). Profundo conhecedor dos aspectos ocultos da existência, deixou ensinamentos nos mais diversos setores da vida humana.

Apêndice

Aprofundando descobertas

Os nutrientes vegetais

Nossa vida é hoje ainda fragmentada. Ao procurarmos curar um órgão do corpo não o percebemos como parte de um organismo, como elo de uma cadeia. Ao procurarmos nosso equilíbrio emocional e mental, ou mesmo ao investirmos nossa energia numa busca espiritual, achamos que isso pode ser conseguido independentemente de um conjunto de fatores.

Na realidade, para sermos curados ou para tornarmo-nos curadores, precisamos aprender a dar atenção a tudo, a retomar a visão do todo. Importa o que pensamos, sentimos, falamos e ouvimos. Importa a harmonia mental, emocional e física; assim, importa também o que comemos. Contudo, devemos cuidar da alimentação não por ela em si, não apenas para melhorar a saúde e a disposição física, mas visando preparar nossos corpos para servir melhor aos propósitos da alma e do espírito nesta vida. Nossa alimentação visa também sutilizar as células, pois sabemos que esse é o meio de permitir-lhes liberar sua luz interior que, reflexo da luz divina no âmago da matéria, aguarda o momento de se revelar.

Imbuídos desse espírito, em dado momento das nossas pesquisas, iniciamos a elaboração de pós, especialmente nutritivos, à base de vegetais, tendo em vista complementar e concentrar a alimentação, torná-la mais sintética e sutil. Um dos pontos de partida foi a necessidade de reforçar a dieta das pessoas que eu acompanhava clinicamente. Assim, componentes vegetais foram selecionados conforme suas qualidades mais amplas, e não apenas segundo sua riqueza substancial. Colhidos e processados[1], foram agrupados equilibradamente para expressar uma interação dinâmica, harmoniosa e positiva.

Várias composições foram criadas seqüencialmente, e três delas tivemos a oportunidade de descrever em nosso livro anterior, O ETERNO PLANTIO[2]. Apresentaremos aqui outras mais, em continuação.

Esses pós, a que chamamos *Nutrientes Vegetais*, podem ser acrescentados ao alimento diário na dosagem de uma colher (de chá) por pessoa, a cada refeição.

Nutriente Vegetal 4:
Okara, o poder de plasmar a forma

O *Nutriente Vegetal 4*[3] tem em sua composição farinha de *okara* tostada, derivada da soja[4]. É o elemento aglutinador de todo o conjunto. Esse nutriente é assim constituído:

[1] Vide maiores detalhes sobre o processamento de plantas medicinais (épocas de colheita, formas corretas de manipulação, secagem e estocagem) no Apêndice do livro GUIA PRÁTICO DE TERAPÊUTICA EXTERNA, do mesmo autor, Editoras Cultrix/Pensamento.

[2] Vide O ETERNO PLANTIO, capítulo "A reconstituição das células", do mesmo autor, Editoras Cultrix/Pensamento.

[3] Vide as fórmulas dos Nutrientes Vegetais 1, 2 e 3, em O ETERNO PLANTIO, do mesmo autor, Editoras Cultrix/Pensamento.

[4] Vide maiores informações sobre a soja e seus derivados em CURAS PELA QUÍMICA OCULTA, do mesmo autor, Editoras Cultrix/Pensamento.

Alfafa (folhas)	21%
Bardana (folhas)	7%
Capim-gordura (parte aérea)	16%
Guandu (folhas)	21%
Hortelã-crespa (folhas)	14%
Mandioquinha (folhas)	9%
Nabo (folhas)	5%
Okara tostada	7%

A soja expressa em seu potencial nutriente duas correntes nutritivas distintas e complementares: uma substancial, que participa da construção da forma no plano concreto; outra imponderável, que ajuda a plasmar essa forma nos planos sutis.

A corrente substancial nutre a parte do ser vinculada ao passado, a que obedece a ritmos cronológicos, que cria hábitos, preferências e condicionamentos e que participa, ao longo da evolução, da construção dos corpos materiais que abrigam a consciência.

A corrente sutil nutre a outra parte, a que se projeta no futuro. Seus elementos amparam a consciência que busca liberar-se dos planos concretos e abrir-se aos níveis internos da vida, para permitir o surgimento do homem novo. Essa consciência, em transição, que aspira desidentificar-se da matéria mas ainda não consolidou sua conexão com os aspectos transcendentais do ser, necessita de corpos hábeis onde se desenvolver e expandir.

Os diversos derivados da soja colaboram nas sucessivas etapas desse desenvolvimento e expansão. A *okara* (o primeiro subproduto ao se preparar o leite de soja) participa aqui com seu poder de aglutinar e amalgamar os diversos componentes que no corpo vão plasmar substância e forma.

O impulso à sutilização da matéria, qualidade inerente às ervas aromáticas, é dado nesta composição pela hortelã-crespa. As ervas aromáticas exercem ação específica sobre o corpo físico-etérico e são utilizadas para harmonizá-lo e para ajudar a fixar nele elementos sutis. A substância material é, na realidade, apenas um substrato onde esses elementos podem polarizar-se, aguardando o momento de serem liberados e absorvidos no organismo.

Nutriente Vegetal 5: Rosmarinho, o poder de despertar fogos vegetais

Os vegetais que compõem este nutriente, acrescidos da okara, foram submetidos a um pré-cozimento em vapor, visando tornar seus elementos mais facilmente digeríveis. Obteve-se assim um produto de alta qualidade, enriquecido pela íntima fusão dos vários componentes pelo calor. O pré-cozimento diminui consideravelmente o esforço despendido pelo organismo para incorporar as substâncias, o que na regeneração de corpos físicos desgastados constitui poderoso auxílio.

A composição é a seguinte:

Alfafa (folhas) 21%
Batata-doce (folhas) 12%
Guandu (folhas) 21%
Hortelã-crespa (folhas) 12%
Mandioca (folhas) 12%
Mandioquinha (folhas) 12%
Manjericão (folhas) 10%

A essa mistura acrescentamos:

Okara tostada 10%

O pré-cozimento possibilitou destaque ainda maior do fator aromático da composição, pois além de nela estarem contidas ervas com essa qualidade específica, o vapor empregado foi enriquecido com rosmarinho[5] (vide figura na página 97), capaz de acender nos vegetais fogos de extrema pureza e elevada vibração. As ervas aromáticas, como já dissemos, não só contribuem para a harmonização geral do corpo físico-etérico do homem, mas ajudam a fixar nele os elementos sutis contidos no alimento.

Nutriente Vegetal 6:
O poder da semente, síntese da vida

Uma semente madura, ao cair em solo fecundo, lança nele raízes em busca de nutrientes e água. Outra parte do seu ser, atraída para o alto, verticaliza-se e cresce em direção à luz.

Os elementos e sais minerais do solo, ao serem absorvidos pela planta, penetram suas correntes de energias, introduzem-se no seu fluxo ascensional e percorrem misteriosos caminhos e labirintos em movimentos vertiginosos pelos ramos e folhas, até alcançarem o nível da flor.

No decorrer desse trajeto, o vegetal é impelido por im-

[5] Pode-se fazer isso em casa com uma panela de cozimento a vapor, de dois andares: no andar inferior espalham-se, em camadas finas, as folhas de rosmarinho (ou de outra erva aromática), e no superior é colocado o nutriente. O vapor da água, ao subir, atravessa a camada de erva e arrasta consigo sua essência aromática, que vai então impregnar o nutriente.

pulsos solares e cósmicos, deixa-se permear por eles e assim transmuta e eleva sua matéria densa. Nas flores atinge a sutilização máxima, estado expresso pela harmonia e pureza de formas, cores, aromas e vibrações. Após fecundadas, as flores recolhem a síntese desse grandioso movimento de ascensão e expansão, condensam-no nas sementes. O potencial de energia desse modo concentrado permite então à Vida que flui pela planta prosseguir sua escalada evolutiva.

As sementes, portanto, não são um mero depósito de reservas nutritivas, mas verdadeiros condensadores de energias cósmicas, repositórios de padrões arquetípicos que possibilitam à Vida emergir e expressar-se novamente.

Goiabeira, árvore jovem

A goiabeira tem forte tendência centrípeta, que perpassa todo o seu ser e manifesta-se externamente em sua qualidade adstringente. Grande é a sua capacidade de atrair e concentrar forças cósmicas, de ajudá-las a penetrar sua matéria e dirigir-se aos frutos e sementes, onde se condensam e transformam-se em substâncias energeticamente potentes. Os mais diversos componentes dessas sementes, como proteínas, vitaminas, sais minerais, enzimas e açúcares, representam apenas a contraparte material de seu potencial sutil.

Goiabeira,
galho com flor e fruto

O *Nutriente Vegetal 6* tem sementes de goiaba em pó em sua fórmula, que ficou assim constituída:

Alfafa (folhas)	21%
Batata-doce (folhas)	12%
Capim-gordura (folhas)	12%
Guandu (folhas)	21%
Hortelã-crespa (folhas)	10%
Mandioca (folhas)	12%
Manjericão (folhas e flores)	12%

A essa mistura acrescentamos:

Farinha integral (arroz, milho, ou outro cereal)	10%
Goiaba (sementes em pó)	7%

A composição foi submetida a pré-cozimento em vapor de rosmarinho.

Nutriente Vegetal 7:
Urucum, o poder do ferro vegetabilizado

O urucum é, no reino vegetal, pura expressão da essência do elemento ferro, que ancora a Vida no sangue, mantendo-a integrada. A identidade entre sangue e urucum manifesta-se até externamente na cor rubra e brilhante que ambos apresentam.

Dentro do poderoso campo magnético gerado pela presença concentrada de ferro no subsolo, o urucum cresce de forma mais vigorosa e exuberante, permeado continuamente por suas dinâmicas correntes de força, alimentando-se delas e incorporando-as em si. Nele, essas correntes condensam-se e materializam-se na película vermelho-rubra que reveste as sementes.

Urucum,
árvore jovem

A presença do *ferro* nessa película, não tanto como elemento concreto e muito mais como impulso energético-imaterial, cria em torno da semente um campo magnético sutil que protege a vida latente em seu interior. Esse manto protetor tem também a função de interceptar forças agressivas e destrutivas que possam existir no ambiente ao redor.

Urucum,
galhos com flores e frutos

As sementes de urucum são compostas de rica variedade de minerais, proteínas e vitaminas, o que as torna um complemento alimentar de primeira ordem; seus valores nutritivos concentram-se quando dessecadas. Suas propriedades materiais e sutis são capazes de dinamizar o organismo. Além disso, fortalecem e protegem de modo especial todos os componentes do sangue.

O *ferro* é o elemento que libera o sangue de tudo o que tende a adoecê-lo e a degenerá-lo. Não fosse ele, seria impossível à Vida firmar-se e manter-se íntegra ali.

O *Nutriente Vegetal 7,* além das sementes de goiaba vermelha, de potente ação vitalizadora e mineralizante, incorpora em sua fórmula as sementes de urucum, para tornar-se um complemento alimentar ainda mais eficiente.

Sua composição é a seguinte:

Alfafa (folhas) 21%
Batata-doce (folhas) 12%
Capim-gordura (folhas) 7%
Goiaba (sementes em pó) 7%
Guandu (folhas) 20%
Hortelã-crespa (folhas) 7%
Mandioca (folhas) 7%
Manjericão (folhas e flores) 12%
Urucum (sementes em pó) 7%

A essa mistura acrescentamos:

Farinha integral (arroz, milho, ou outro cereal) 10%

A composição foi submetida a pré-cozimento em vapor de rosmarinho.

Nutriente Vegetal 8:
Jatobá, o poder nutritivo; tangerina poncã, o poder dissolvente

O jatobá[6], árvore majestosa, de copa frondosa e acolhedora, pode atingir até 10 m de altura, e seu tronco pode chegar a 1 m de diâmetro. Sua imponente presença no campo destaca-se a distância. Cresce rapidamente. Possui raízes pivotantes e profundas que penetram com decisão o solo. Floresce de outubro a dezembro, e seus frutos amadurecem em pleno inverno. Uma substância farinácea e adocicada envolve as sementes e pode ser consumida tanto pelo homem quanto pelos animais. Tem elevado valor nu-

[6] Vide "Identificação botânica das plantas", na página 225.

tritivo, e seu potencial energético advém das forças solares e cósmicas que penetram pela vasta superfície foliar da planta e fecundam as correntes de forças telúricas absorvidas por sua rede radicular.

Jatobá,
árvore jovem

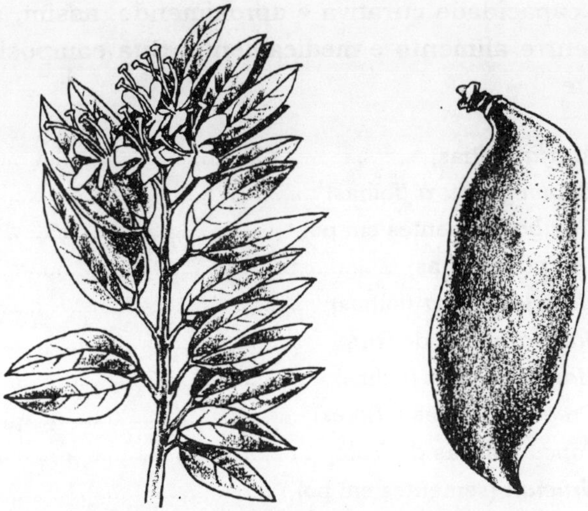

Jatobá,
flores e fruto

A tangerina poncã[7], de fácil cultivo, é fruto saboroso, suculento e nutritivo, além de ocultar precioso potencial de cura. Suas cascas são ricas em óleos essenciais altamente voláteis, de aroma forte e penetrante. Uma vez secas, transformadas em pó e misturadas aos alimentos na devida proporção, ajudam na dissolução de núcleos de forças negativas que, alojados na região abdominal, bloqueiam processos digestivos.

O *Nutriente Vegetal 8* contém em sua fórmula esses dois elementos, que o enriquecem, introduzindo nele tam-

---

[7] Vide "Identificação botânica das plantas", na página 225 e a figura nas páginas 86 e 87.

bém a capacidade curativa e aproximando, assim, as fronteiras entre alimento e medicamento. Sua composição é a seguinte:

Alfafa (folhas)	21%
Capim-gordura (folhas)	7%
Goiaba (sementes em pó)	7%
Guandu (folhas)	21%
Hortelã-crespa (folhas)	7%
Jatobá (polpa do fruto)	10%
Mandioquinha (folhas)	10%
Orégano (folhas e flores)	7%
Poncã (cascas do fruto)	3%
Urucum (sementes em pó)	7%

A essa mistura acrescentamos:

Farinha integral (arroz, milho, ou outro cereal)	10%

A composição foi submetida a pré-cozimento em vapor de rosmarinho.

Minerais vegetabilizados:
uma alquimia vegetal

Além dos Nutrientes Vegetais, desenvolvemos certos compostos de minerais vegetabilizados, para a superação de deficiências minerais específicas ou para a consolidação da estrutura do organismo em momentos de maior solicitação. Pelo processo da vegetabilização[1], a pura vibração mineral pôde ser elevada ao campo energético vegetal, permitindo a criação de substâncias mais adequadas às atuais necessidades de sutilização dos corpos e da consciência dos seres humanos.

Criamos, assim, em uma etapa anterior, três preparados diferentes: *Alfafa composta*, que fornece complementação mineral diversificada, *Helianthus composto*, que atende às necessidades de fósforo, e *Napus composto*, que atende às necessidades de cálcio[2].

Tais preparados não visam apenas ao aporte de substâncias materiais, mas proporcionar um estímulo aos processos pelos quais elas passam no organismo: sua assimi-

---

[1] Vide O ETERNO PLANTIO, capítulo "Alquimia vegetal", do mesmo autor, Editoras Cultrix/Pensamento, onde se descreve o processo da vegetabilização.

[2] Vide ainda em O ETERNO PLANTIO, mesmo capítulo, a descrição da elaboração desses preparados.

lação pelo intestino e sua incorporação nos diversos órgãos e tecidos. Muitas vezes não há no organismo real carência dessas substâncias, mas sim incapacidade de lidar com elas.

Determinadas plantas são aptas para em seu campo energético e material trabalhar com este ou aquele elemento mineral. Se as usamos no processo de vegetabilização de um conjunto mineral, o produto final incorpora tal capacidade, e como medicamento pode transmiti-la ao organismo.

Com o desenvolvimento da pesquisa, fez-se necessário acrescentar outros elementos às fórmulas originais. Surgiu então a série dos medicamentos: *Alfafa/Silimel*, *Helianthus/Silimel* e *Napus/Silimel*.

A seguir, descreveremos, em separado, cada um deles.

Alfafa/Silimel:
O poder mineral de cura

A composição mineral do que chamamos *Alfafa composta* consta de cinzas obtidas pela incineração da parte aérea do capim-gordura, de folhas de guandu e de folhas de mandioca; essas cinzas, misturadas a uma porção de argila, fornecem o "solo" sobre o qual são colocadas para germinar sementes de alfafa por dois ciclos sucessivos, de três semanas cada um.

A alfafa é uma planta que "sabe" lidar com os minerais de maneira geral. É portadora de poderosas qualidades remineralizantes, que se incorporam no produto *Alfafa composta*.

À *Alfafa composta*, dinamizada em D1 ou D2, acrescentamos novos elementos nas seguintes proporções:

Alfafa composta D1 ou D2	3%
Argentum sulfuratum (*Argentit*) S2	1%
Cuprum carbonicum (*Malachit*) S2	1%
Ferrum sidereum (*Siderit*) S2	1%
Helianthus S3	1%
Hemovita S3	1%
Silimel S3	1%
Levedo de Cerveja	21%
Urucum (sementes)	7%
Orysina	63%

As qualidades energéticas sutis materializadas nos elementos prata (*Argentum*), cobre (*Cuprum*) e ferro (*Ferrum*) participam ativamente de todos os processos anabólicos orgânicos e favorecem a assimilação das correntes de substâncias e forças, vindas pela alimentação. Esses elementos, dinamizados em S2[3], estimulam no organismo tais processos, regenerando-o e vitalizando-o.

Helianthus[4]

Elaborado com o pólen de girassol, é condutor de energias oriundas do Sol; purifica e transmuta forças terrestres e colabora na estruturação do ser. É aqui empregado no nível de sutilização S3.

Hemovita[4]

Elaborado com sementes germinadas de urucum associadas à própolis, remove toxinas cristalizadas nos líqui-

---

[3] S2 corresponde ao grau de diluição da substância na ordem de 1/1.000.000.000.000.

[4] Vide O ETERNO PLANTIO, do mesmo autor, Editoras Cultrix/Pensamento, onde se descrevem as diversas fases de elaboração desse preparado.

dos orgânicos e regenera-os, favorecendo a liberação da luz interior das células. Essa liberação é essencial para a consciência dos corpos descobrir seus potenciais mais elevados; assim todo o ser desperta e se fortalece. É também usado aqui no nível de sutilização S3.

Silimel[5]

Elaborado com cristal-de-rocha associado ao mel, revigora o organismo, apóia sua capacidade de assimilação e renova seus princípios formativos e regeneradores da luz. Usado também no nível de sutilização S3.

Levedo de cerveja

Subproduto da fermentação da cevada, é rico em aminoácidos nobres, sais minerais, enzimas e vitaminas, em especial do complexo B, todos elementos indispensáveis aos processos vitais do organismo.

Urucum[6]

É um representante vivo do elemento ferro no reino vegetal. Concentra em si grande potencial de reconstituição celular. Pode atuar diretamente nos glóbulos vermelhos, revigorando-os e aumentando-lhes a eficiência no transporte de alimento e vida às demais células do corpo. É dado aqui em sua forma material pura.

Orysina

É uma farinha de arroz bem fina. O arroz tem uma qualidade feminina que o torna ideal para acolher e amal-

---

[5] Vide CURAS PELA QUÍMICA OCULTA, do mesmo autor, Editoras Cultrix/Pensamento, onde se descrevem as diversas fases de elaboração desse preparado.

[6] Vide em O ETERNO PLANTIO, do mesmo autor, Editoras Cultrix/Pensamento, maiores informações sobre o *urucum*.

gamar os diversos componentes energético-substanciais desses preparados.

O medicamento *Alfafa/ Silimel* constitui poderoso complemento mineral-energético, indicado em casos de carências minerais em geral, desmineralização, desvitalização e desgaste do organismo.

Fortalece a estrutura orgânica, para permitir a atuação de energias de cura; além disso, auxilia na sutilização do ser por conter elementos dinâmicos capazes de fazê-lo responder mais prontamente aos estímulos superiores.

Helianthus/Silimel:
O poder mineral de luz

A composição mineral do que chamamos *Helianthus composto* consta de cinzas obtidas pela incineração de folhas de ora-pro-nóbis e de sementes de centeio que, misturadas a uma porção de argila, fornecem o "solo" sobre o qual sementes de girassol são colocadas para germinar por dois ciclos sucessivos, de três semanas cada um.

O girassol é uma planta que lida de forma especial com o elemento fósforo. Essa qualidade incorpora-se ao produto *Helianthus composto.*

Ao *Helianthus composto,* dinamizado em D1 ou D2, acrescentamos novos elementos nas seguintes proporções:

Helianthus composto D1 ou D2	3%
Argentum sulfuratum (*Argentit*) S2	1%
Cuprum carbonicum (*Malachit*) S2	1%
Ferrum sidereum (*Siderit*) S2	1%

Helianthus S3	1%
Hemovita S3	1%
Silimel S3	1%
Levedo de Cerveja	21%
Urucum (sementes)	7%
Orysina	63%

Quanto aos elementos desse preparado, valem as mesmas considerações feitas para o medicamento *Alfafa/ Silimel* (vide página 166). Ao produto final demos o nome de *Helianthus/ Silimel.*

O medicamento *Helianthus/ Silimel* constitui também poderoso complemento mineral-energético, indicado sobretudo quando é necessário o fortalecimento da estrutura mineral do organismo, em especial quanto ao elemento fósforo, o que permite a ancoragem de energias potentes de purificação e de transmutação relacionadas à luz. O significado do nome fósforo revela o seu potencial: *portador de luz.*

Napus/Silimel:
O poder mineral de vida

A composição mineral do *Napus composto* consta de cinzas obtidas pela incineração de raízes de confrei, associadas a cascas de ovo; essa mistura, acrescida a uma porção de argila, fornece o "solo" sobre o qual sementes de nabo são colocadas para germinar por dois ciclos sucessivos, de três semanas cada um.

O nabo é uma planta que lida de forma especial com o elemento cálcio. Essa qualidade incorpora-se ao produto *Napus composto.*

Ao *Napus composto,* dinamizado em D1 ou D2, acrescentamos novos elementos nas seguintes proporções:

Napus composto D1 ou D2	3%
Argentum sulfuratum (*Argentit*) S2	1%
Cuprum carbonicum (*Malachit*) S2	1%
Ferrum sidereum (*Siderit*) S2	1%
Helianthus S3	1%
Hemovita S3	1%
Silimel S3	1%
Levedo de Cerveja	21%
Urucum (sementes)	7%
Orysina	63%

Quanto aos elementos desse preparado, valem as mesmas considerações feitas para o medicamento *Alfafa/ Silimel* (vide página 166). Ao produto final demos o nome de *Napus/ Silimel.*

O medicamento *Napus/ Silimel* constitui também poderoso complemento mineral-energético, indicado sobretudo quando é necessário o fortalecimento da estrutura esquelética, em especial quanto ao elemento cálcio, o que permite a ancoragem de potentes energias da Vida universal.

Ao *Nepus* composto, dinamizado em D1 ou D2, acrescentamos novos elementos nas seguintes proporções:

Nepus composto D1 ou D2	3%
Argentum sulfuricum (Argentit) S2	1%
Cuprum carbonicum (Malachit) S2	1%
Ferrum sidereum (Siderit) B2	1%
Hellantus S2	1%
Hematita S3	1%
Silme S4	1%
Levedo de Cerveja	21%
Triticum (sementes)	7%
Caseína	67%

Quanto aos elementos desse preparado, valem as mesmas considerações feitas para o medicamento *Nepus Silme* (vide página 168). Ao produto final demos o nome de *Nepus Silme*.

O medicamento *Nepus Silme* constitui também poderoso complemento mineral-energético, indicado sobretudo quando é necessário o fortalecimento da estrutura esquelética, em especial quanto ao elemento cálcio, o que permite a ancoragem de potentes energias da Vida Universal.

Quadros sinóticos dos medicamentos

Observações preliminares

Os níveis S1, S2 e S3 dos medicamentos citados correspondem aos graus sucessivos de sutilização da sua energia, obtidos pelo método da dinamização que utiliza a chave *D>C>M*, conforme descrito no capítulo "O nível S4: transpor as fronteiras da matéria"; atuam, assim, em planos cada vez mais sutis.

Geralmente se inicia o tratamento com o nível S1, prescrito na freqüência e duração indicadas. Terminado esse primeiro ciclo, passa-se para o nível S2, e, ao final desse segundo ciclo, inicia-se com o nível S3, ambos prescritos também nas freqüências e durações indicadas.

Essas freqüências e durações são adequadas em média geral e constituem apenas pontos de referência, podendo ser ajustadas de acordo com necessidades individuais. A duração de cada ciclo está indicada nos próprios quadros sinóticos. Geralmente os ciclos se sucedem sem pausa entre eles.

Existem casos em que os tratamentos podem começar a partir do nível S2 ou mesmo do nível S3, sem passar pelos anteriores.

Essas indicações, relacionadas nos quadros sinóticos que se seguem, são fruto de experiências vividas e seguramente comprovadas pelo autor.

Alfafa/Silimel

Composição

Alfafa composta D1 ou D2, em pó 3%
Argentum sulfuratum (*Argentit*) S2, em pó 1%
Cuprum carbonicum (*Malachit*) S2, em pó 1%
Ferrum sidereum (*Siderit*) S2, em pó 1%
Helianthus S3, em pó 1%
Hemovita S3, em pó 1%
Silimel S3, em pó 1%
Levedo de Cerveja, em pó 21%
Urucum (sementes), em pó 7%
Orysina, em pó 63%

Forma de preparo

Acrescentar todos os elementos à Orysina, misturar bem (10 a 20 minutos) e encapsular (cápsulas nº zero).

Atuação

Atua na estrutura mineral do organismo como um todo, fortalecendo-o; é fonte rica e variada de elementos e sais minerais vegetabilizados, concentrados e dinamizados.

As qualidades energéticas sutis materializadas nos elementos prata (*Argentum*), cobre (*Cuprum*) e ferro (*Ferrum*) participam ativamente de todos os processos anabólicos; favorecem a assimilação das correntes de substâncias e forças vindas da alimentação e sua incorporação ao organismo. Dinamizados em S2, estimulam no organismo tais processos, regenerando-o e vitalizando-o.

Helianthus

Elaborado de pólen de girassol, é potente condutor de

energias oriundas do Sol. Como qualidade energética, purifica e transmuta; colabora na estruturação do ser.

Hemovita

Elaborado de sementes germinadas de urucum, associadas à própolis; desaloja toxinas cristalizadas nos líquidos orgânicos, favorecendo assim a liberação da luz interior das células. Tal liberação é hoje essencial para o despertar de potenciais mais elevados da consciência dos corpos.

Silimel

Elaborado do cristal-de-rocha associado ao mel; renova o organismo, restituindo-lhe o vigor e regenerando sua capacidade de assimilação; regenera distúrbios orgânicos causados pela deficiência dos impulsos formativos da luz.

Levedo de cerveja

Subproduto da fermentação da cevada, rico em aminoácidos nobres, sais minerais, enzimas e vitaminas, em especial do complexo B, todos elementos indispensáveis aos processos vitais do organismo.

Urucum

Representante do elemento ferro no reino vegetal; concentra grande potencial de reconstituição celular; atua diretamente nos glóbulos vermelhos, revigorando-os.

Orysina

Farinha bem fina elaborada de grãos puros de arroz. O arroz exprime aspectos femininos, sendo pois ideal para acolher e amalgamar os diversos componentes energético-substanciais desse preparado.

Indicações

Para fortalecer a estrutura mineral do organismo e

permitir assim a ancoragem de potentes energias de purificação, de transmutação e de cura.

Em casos de carências minerais em geral e em situações de desgaste orgânico.

Formas de uso/Posologia

Uso interno:

- 1 cápsula 2 ou mais vezes ao dia, durante 1 a 3 meses.

Anccor

Composição

Ácido fórmico natural (veneno das formigas)
Apisinum (veneno das abelhas)
Embaúba (*Cecropia peltata*), broto da folha

Forma de preparo

Embeber um broto de folha de embaúba no veneno elaborado pelas formigas (ácido fórmico) e no veneno elaborado pelas abelhas (*Apisinum*).

A seguir, secar o broto, triturá-lo e dinamizar o pó até os níveis de sutilização S1, S2 e S3.

Atuação

As forças presentes no veneno elaborado pelas formigas e no veneno elaborado pelas abelhas, reforçadas pelas forças presentes no broto de embaúba, colaboram na ancoragem da essência espiritual do ser humano dentro da corrente sangüínea.

Colaboram também na remoção de detritos que se acumulam na corrente sangüínea, regenerando-a e tonificando-a.

Colaboram ainda na mobilização e remoção do que se estagna e se cristaliza no organismo.

Indicações

Na falta repentina das forças físicas e psíquicas: queda do tônus vital, da motivação, da coragem e da vontade.

Nas mais diversas manifestações reumáticas: artrites, artroses, gota, entre outras.

No tratamento auxiliar de tumores, litíases e escleroses.

Formas de uso/Posologia

Uso interno: forma dinamizada

- S1: 1 comprimido 3 ou mais vezes ao dia, durante 3 ou mais semanas.
- S2: 5 gotas 2 ou mais vezes ao dia, durante 3 ou mais semanas.
- S3: 5 gotas 1 ou mais vezes ao dia, durante 3 ou mais semanas.

Argila/Persicária

Composição

Argila

Persicária (*Polygonum persicaria*)[1], sementes em pó, a 0,1%

[1] Pode ser usada também a planta *Polygonum hydropiperoides*, botanicamente semelhante à *Polygonum persicaria*.

Forma de preparo

Secar, pulverizar e peneirar a argila.

Secar as sementes de persicária e triturá-las até transformarem-se em pó bem fino.

Acrescentar o pó das sementes à argila, na concentração correta (0,1%); misturar bem (10 a 20 minutos); embalar.

Atuação

Atua no centro energético representado pela glândula tireóide, tonificando e regenerando suas funções.

Auxiliar no tratamento com os metais vegetabilizados *Pirita/Persicária, Cuprum/Leonorus, Aurum/Leonotis*[2], que restabelecem e equilibram o circuito energético sutil existente entre as glândulas pineal, hipófise e tireóide.

Indicações

Nos distúrbios energéticos relacionados com o centro laríngeo: processos inflamatórios e degenerativos da glândula tireóide, faringite, laringite, traqueíte, distúrbios da voz, entre outros.

Formas de uso

Uso externo: cataplasma[3]

- Aplicar a cataplasma sobre a região da glândula tireóide, 1 ou 2 vezes ao dia, por pelo menos 1 hora cada aplicação; a duração do tratamento varia de 1 a 3 meses, ou mais, se necessário.

---

[2] Vide CURAS PELA QUÍMICA OCULTA, do mesmo autor, Editoras Cultrix/Pensamento.

[3] Vide informações sobre a escolha da argila, o modo de manipulá-la e de preparar a cataplasma no livro GUIA PRÁTICO DE TERAPÊUTICA EXTERNA, do mesmo autor, Editoras Cultrix/Pensamento.

Baccharis/Chamomila

Composição

Camomila (*Matricaria chamomilla*), flores 50%
Carqueja (*Baccharis trimera*), parte aérea florida ... 50%

Forma de preparo

Secar as plantas e triturá-las em separado até transformarem-se em pó bem fino, caso sejam para uso em cápsulas.

Misturar bem os pós (10 a 20 minutos), em partes iguais, e encapsular.

Fazer a tintura alcoólica das plantas, caso sejam para uso sob a forma de TM (tintura-mãe).

Misturar bem as tinturas, em partes iguais, e envasar.

Atuação

Como plantas companheiras, atuam sinergicamente em todo o tubo digestivo, revitalizando-o, regenerando-o e tonificando-o.

Indicações

Em distúrbios digestivos agudos ou crônicos, como complemento terapêutico: dispepsias, insuficiências digestivas, gases e cólicas abdominais, obstipação, entre outros.

Formas de uso/Posologia

Uso interno:

- 1 cápsula 3 vezes ao dia, nas principais refeições, durante 3 ou mais semanas.
- 10 a 20 gotas, dissolvidas em um pouco de água, 3

vezes ao dia, nas principais refeições, durante 3 ou mais semanas.

Chá Regenerador dos olhos

Composição

Alecrim-do-campo (*Baccharis dracunculifolia*), flores 10%
Capim-cidreira (*Cymbopogon citratus*), folhas 21%
Embaúba (*Cecropia peltata*), folhas 10%
Eucalipto (*Eucaliptus sp*), folhas 21%
Marcela (*Achyrocline satureioides*), flores 21%
Poncã (*Citrus reticulata* Blanco), cascas do fruto 7%
Serralha (*Sonchus oleraceus*), folhas 10%

Forma de preparo

Secar as plantas e triturá-las em separado até transformarem-se em pedaços bem pequenos (pó grosso).

Misturar bem os pós (10 a 20 minutos), nas proporções indicadas.

Atuação

Dissolve cargas de energia psíquica congestionada na musculatura extrínseca e na intrínseca dos olhos.

Relaxa, regenera e revitaliza olhos cansados.

Indicações

Em vista cansada, congestionada e irritada.

No tratamento auxiliar das diversas doenças degenerativas dos olhos: glaucoma, catarata, retinopatias, doenças auto-imunes, etc.

No tratamento auxiliar dos diversos distúrbios de acomodação dos olhos: miopia, hipermetropia, astigmatismo, etc. Complementa os exercícios de alongamento da musculatura ocular[4].

Formas de uso

Uso externo: compressa

Preparo e modo de aplicar:

- Dobrar em três partes um pano de algodão fino, de um tamanho que cubra toda a extensão dos olhos, tanto em largura quanto em comprimento.
- Colocar as ervas no terço central do pano e dobrar as laterais sobre elas (figura 4).

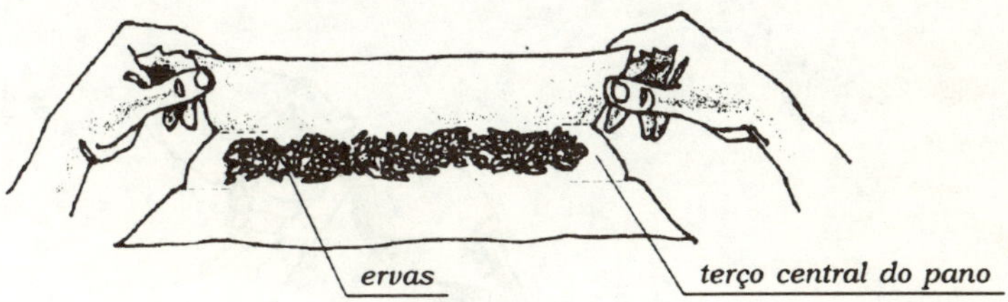

Figura 4

- Envolver tudo em um pano auxiliar[5] (figura 5), colocá-lo em recipiente limpo, de vidro, de inox ou de porcelana (não de plástico), e sobre ele verter um pouco de água fervente, o suficiente para cobri-lo (figura 6).

---

[4] Vide capítulo "Exercícios de alongamento da musculatura ocular", na página 121.

[5] Vide GUIA PRÁTICO DE TERAPÊUTICA EXTERNA, do mesmo autor, Editoras Cultrix/Pensamento.

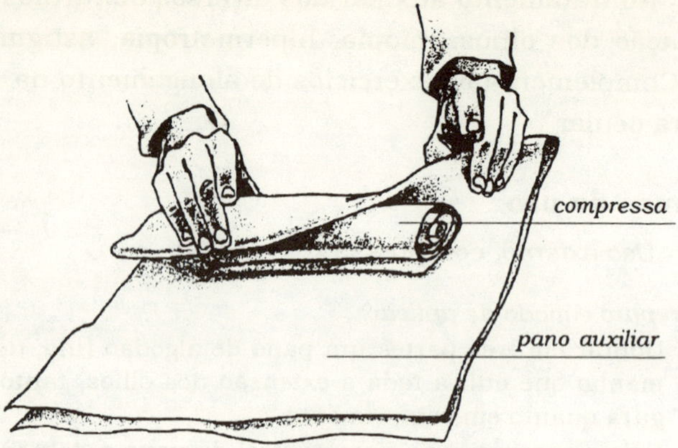

Figura 5

Figura 6

- Aguardar 3 minutos e torcer bem para eliminar o excesso de água.

- Retirar a compressa de dentro do pano auxiliar, aplicá-la sobre os olhos, morna, e colocar por cima um pano de flanela ou de lã.
- Permanecer em repouso e em ambiente de silêncio.
- Procurar aplicar a compressa com o ambiente na penumbra, para facilitar a acomodação e readaptação dos olhos ao retirá-la.

Duração da aplicação:

- Por 30 minutos; pode-se também permanecer mais tempo com ela, caso se sinta bem.

Freqüência:

- Uma ou mais vezes ao dia, se necessário (por exemplo, após o almoço e à noite, ao se recolher).

Duração do tratamento:

- Enquanto se sentir bem com as aplicações (semanas ou meses).

Chá Triflores

Composição

Alecrim-do-campo (*Baccharis dracunculifolia*), flores
Marcela (*Achyrocline satureioides*), flores
Vernônia (*Vernonia polyanthes*), flores

Forma de preparo

Secar as plantas e triturá-las em separado até transformarem-se em pedaços bem pequenos.

Misturar bem as plantas (10 a 20 minutos), em partes iguais.

Atuação

Colabora na regeneração e no revigoramento do fígado e dos demais órgãos digestivos, com repercussões positivas para o estado de ânimo do ser.

Constitui poderoso apoio ao bom funcionamento do fígado, de maneira geral.

As flores, usadas internamente sob a forma de chás feitos por infusão, tonificam o fígado e os demais órgãos digestivos.

As flores, aplicadas externamente sob a forma de compressas, transferem diretamente a esses órgãos o seu vigor.

Agrupadas de maneira energeticamente equilibrada como no chá Triflores, têm sua ação revitalizadora potencializada.

As flores campestres, aromáticas, exercem ação mais enérgica e profunda que as cultivadas em jardins ou hortas.

Indicações

Nos desgastes do fígado causados pela agressão contínua e acentuada das condições da vida humana normal, tais como luta árdua pela sobrevivência, sobrecargas e tensões nervosas, alimentação pobre e desvitalizada, poluição ambiental, do ar e da água, medos, conflitos, entre outras.

Na queda do tônus vital-psíquico, que repercute sobre os órgãos físicos, criando um círculo vicioso de desgaste crônico, promovido pelas condições mencionadas acima.

No tratamento auxiliar de todas as patologias do fígado, como apoio às suas funções vitais.

Formas de uso

Uso externo: compressa

Preparo e modo de aplicar[6]:

- Colocar 3 colheres (das de sopa) das plantas trituradas em

[6] Ver detalhes técnicos da aplicação, tais como disposição, local, tamanho e largura dos panos, uso do pano auxiliar e outros cuidados, no livro GUIA PRÁTICO DE TERAPÊUTICA EXTERNA, do mesmo autor, Editoras Cultrix/Pensamento.

500 ml de água fria; levar ao fogo; após a fervura, apagar, abafar o recipiente por 10 minutos, coar o chá e guardá-lo quente.

- Com o paciente sentado sobre o leito, aplicar sobre a região do fígado, bem justo, um pano de algodão embebido no chá; deitá-lo de costas imediatamente, e logo envolver a região com um pano de flanela e depois com um de lã já preparados na posição correta sobre o leito. Colocar, em seguida, bolsa de água quente sobre os panos, na mesma temperatura da compressa, ou seja, a máxima suportável.

Duração da aplicação:

- 30 a 60 minutos.

Freqüência:

- 1 vez ao dia, de preferência após o almoço.

Duração do tratamento:

- 3, 6 ou 9 semanas.

Observação:

- Há outras ervas igualmente benéficas ao fígado[7], aplicadas sob a forma de compressas: *camomila, carqueja, cordão-de-frade, gervão, hortelã-do-campo, mentrasto, mil-folhas, rubim ou macaé*, etc. Usa-se sua parte aérea, quando plenamente florida.

Datura

Composição

Datura (*Datura wrightii*), botões florais fechados, virgens

Forma de preparo

Tomar, de cada uma das quatro extremidades da plan-

[7] Vide PLANTAS QUE AJUDAM O HOMEM, do mesmo autor, Editoras Cultrix/Pensamento.

ta, um botão floral prestes a se abrir, ou seja, a flor ainda virgem.

Colher esses botões na noite de plenilúnio.

Secá-los, transformá-los em pó e dinamizá-los.

Atuação

Auxilia na sublimação da energia sexual em corpos femininos, tornando-a mais dócil e receptiva aos comandos do ser interno.

Indicações

Principalmente para seres em corpos femininos que se mantêm em castidade física ou que assumem períodos regulares de abstinência sexual e querem colaborar na sublimação da própria energia instintiva.

Formas de uso/Posologia

Uso interno:

- S1: 1 comprimido 3 ou mais vezes ao dia, durante 3 ou mais semanas.
- S2: 5 gotas 2 ou mais vezes ao dia, durante 3 ou mais semanas.
- S3: 5 gotas 1 ou mais vezes ao dia, durante 3 ou mais semanas.

Dermaton

Composição

Carqueja (*Baccharis trimera*), parte aérea florida ... 10%

Hortelã-do-campo (*Hyptis suaveolens*), parte aérea florida ... 10%

Própolis 10%
Álcool 70%

Forma de preparo

Deixar a própolis em maceração fria no álcool por 24 horas.

Acrescentar a hortelã-do-campo seca e bem picada e deixar tudo em maceração por mais 3 dias.

Acrescentar a carqueja seca e bem picada e deixar tudo em maceração por mais 3 dias.

Coar e filtrar a mistura, e envasar.

Atuação

Contém e dissolve manifestações alérgicas na pele, sobretudo as causadas por picadas de insetos, pois ajuda o organismo a absorver e neutralizar suas peçonhas.

Própolis

Tem poder neutralizante, antisséptico e adstringente.

Hortelã-do-campo

Aplicada externamente, tonifica a pele e ajuda na dissolução das peçonhas inoculadas pelos insetos.

Carqueja

Aplicada externamente, ajuda na digestão das peçonhas absorvidas, potencializando a ação da hortelã-do-campo.

Indicações

Nas alergias localizadas, nas causadas por picadas de insetos ou outros agentes alergênicos; nas urticárias.

Formas de uso/Posologia

Uso externo:

- Aplicar várias vezes ao dia o creme feito com a TM (tintura-mãe)[8] no local da picada e friccioná-lo bem.

Uso interno:

- S1: 5 gotas 3 ou mais vezes ao dia, durante 1 a 3 semanas.
- S2: 5 gotas 2 ou mais vezes ao dia, durante 3 ou mais semanas.
- S3: 5 gotas 1 ou mais vezes ao dia, durante 3 ou mais semanas.

Helianthus/Silimel

Composição

Helianthus composto D1 ou D2, em pó	3%
Argentum sulfuratum (*Argentit*) S2, em pó	1%
Cuprum carbonicum (*Malachit*) S2, em pó	1%
Ferrum sidereum (*Siderit*) S2, em pó	1%
Helianthus S3, em pó	1%
Hemovita S3, em pó	1%
Silimel S3, em pó	1%
Levedo de Cerveja, em pó	21%
Urucum (sementes), em pó	7%
Orysina, em pó	63%

---

[8] Vide maiores informações sobre a elaboração de pomadas e cremes no livro GUIA PRÁTICO DE TERAPÊUTICA EXTERNA, do mesmo autor, Editoras Cultrix/Pensamento.

Forma de preparo

Acrescentar todos os elementos à Orysina, misturar bem (10 a 20 minutos) e encapsular (cápsula nº zero).

Atuação

Atua na estrutura mineral do organismo como um todo, fortalecendo-o; é fonte rica e variada de elementos e sais minerais vegetabilizados, concentrados e dinamizados.

Apóia especialmente o metabolismo do fósforo.

Quanto aos diversos elementos desse preparado, valem as mesmas considerações feitas para o *Alfafa/Silimel* (vide "Alfafa/Silimel", na página 176).

Indicações

Para fortalecer a estrutura mineral do organismo, em especial no que diz respeito ao elemento fósforo, e permitir assim a ancoragem de potentes energias de purificação, de transmutação e de cura relacionadas à luz. O nome fósforo indica: *portador de luz.*

Formas de uso/Posologia

Uso interno:

- 1 cápsula 2 ou mais vezes ao dia, durante 1 ou mais meses.

Lepdon

Composição

Casulo maduro de borboleta sem a larva

Forma de preparo

Secar o casulo e dinamizá-lo em diferentes níveis de sutilização: S2 e S3.

Atuação

Dissolve congestionamentos e bloqueios de energia no sistema muscular.

Equilibra e complementa a ação do preparado *Myoton* (vide "Myoton", na página 195), evitando espasmos musculares.

Indicações

Nos quadros de tensão muscular, cãibras e espasmos.

Prescrito com o *Myoton*, para equilibrar e complementar sua ação.

Formas de uso/Posologia

Uso interno:

- S2: 5 gotas 2 ou mais vezes ao dia, durante semanas ou meses, conforme a evolução do quadro.
- S3: 5 gotas 1 a 2 vezes ao dia, durante semanas ou meses, conforme a evolução do quadro.

Lepidium/Nasturtium

Composição

Agrião (*Nasturtium officinale*), folhas 50%
Mastruz (*Lepidium pseudodydimum*), parte aérea florida 50%

Forma de preparo

Secar as plantas e triturá-las em separado até transformarem-se em pó bem fino.

Misturar bem os pós (20 a 30 minutos) em partes iguais e encapsular (cápsula nº zero).

Atuação

Pela sua riqueza mineral em iodo, atua diretamente sobre a glândula tireóide, daí influenciando todo o metabolismo regido por ela, sobretudo no organismo feminino.

Indicações

Nos distúrbios de tireóide por carência do elemento iodo.

Nos distúrbios do organismo feminino, principalmente no que se refere a alterações do equilíbrio hormonal na fase de climatério.

Formas de uso/Posologia

Uso interno:

- 1 ou 2 cápsulas 3 ou mais vezes ao dia, durante 1 a 3 meses.

Litolítica

Composição

Bardana (*Arctium lappa*), raízes e folhas
Chapéu-de-couro (*Echinodorus grandiflorus*), folhas
Cipó-cabeludo (*Mikania hirsutissima*), folhas e hastes
Cipó-prata (*Banisteria argyrophylla*), folhas

Japecanga (*Smilax brasiliensis*), raízes e folhas
Panta-rei (*Villaresia congonha*), folhas
Quebra-pedra (*Phyllantus niruri*), parte aérea
Tarumã (*Vitex taruma*), folhas
Trapoeraba (*Commelina nudiflora*), parte aérea florida

Forma de preparo

Fazer as TM (tinturas-mãe) de cada planta em separado.

Misturar bem as tinturas em partes iguais e envasar.

Atuação

Bardana

Possui propriedades antilítica, depurativa, diurética e sudorífica, entre outras.

Chapéu-de-couro

Possui propriedades antilítica, depurativa, diurética e tônica, entre outras.

Cipó-cabeludo

Possui propriedades antialbuminúrica, antilítica, antirreumática, depurativa e diurética, entre outras.

Cipó-prata

Possui propriedades eminentemente diuréticas.

Japecanga

Possui propriedades antilítica, depurativa e diurética, entre outras.

Panta-rei

Possui propriedades antilítica, anti-reumática, cardiotônica, depurativa e diurética, entre outras.

Quebra-pedra

Possui propriedades antilítica, diurética e sudorífica, entre outras.

Tarumã

Possui propriedades depurativa e diurética, entre outras.

Trapoeraba

Possui propriedades antiespasmódica (das vias urinárias), anti-reumática e diurética, entre outras.

Indicações

Na litíase renal e vesical.

Nos quadros reumáticos: artrites, gota, entre outros.

Na necessidade de depuração do sangue e estimulação da diurese.

Na necessidade de tonificação do sistema renal como um todo.

Formas de uso/Posologia

Uso interno:

- 10 a 20 gotas, dissolvidas em um pouco de água, 4 ou mais vezes ao dia, durante semanas ou meses, conforme a evolução do quadro.

Myoton

Composição

Veneno de aranha-doméstica (gênero *Arannaeus*)

Forma de preparo

Dinamizar o veneno até os níveis de sutilização S2 e S3.

Atuação

Canaliza forças cósmicas sutis, de qualidades estruturantes e revitalizantes da musculatura do corpo humano.

Indicações

Nos quadros degenerativos de atrofia e distrofia musculares em geral.

Nos quadros patológicos inespecíficos de flacidez muscular.

Nos quadros de agressão auto-imune à musculatura.

Formas de uso/Posologia

Uso interno:

- S2: 5 gotas 2 a 3 vezes ao dia, durante semanas ou meses, conforme a evolução do quadro.
- S3: 5 gotas 1 a 2 vezes ao dia, durante semanas ou meses, conforme a evolução do quadro.

Observações:

- O preparado *Myoton* deve ser tomado, de preferência, entre a lua nova e a lua cheia, período em que a presença e a ação das forças lunares sobre ele é maior.
- Em indivíduos mais sensíveis, o *Myoton* pode gerar espasmos musculares desagradáveis, o que é evitado pelo uso concomitante do *Lepdon* (vide "Lepdon", na página 191). A suspensão temporária do *Myoton* ou o ajuste de sua posologia em geral faz cessar esses espasmos.

Napus/Silimel

Composição

Napus composto D1 ou D2, em pó 3%
Argentum sulfuratum (*Argentit*) S2, em pó 1%
Cuprum carbonicum (*Malachit*) S2, em pó 1%
Ferrum sidereum (*Siderit*) S2, em pó 1%
Helianthus S3, em pó 1%
Hemovita S3, em pó 1%
Silimel S3, em pó 1%
Levedo de Cerveja, em pó 21%
Urucum (sementes), em pó 7%
Orysina, em pó 63%

Forma de preparo

Acrescentar todos os elementos à Orysina, misturar bem (10 a 20 minutos) e encapsular (cápsula nº zero).

Atuação

Atua em todo o metabolismo do cálcio, dentro e fora dos ossos.

Dirige-se especificamente ao fortalecimento da estrutura esquelética pelo aporte de cálcio e de sais minerais vegetabilizados, concentrados e dinamizados.

Quanto aos diversos elementos deste preparado, valem as mesmas considerações feitas para o *Alfafa/Silimel* (vide "Alfafa/Silimel", na página 176).

Indicações

Para fortalecer a estrutura esquelética, em especial no que diz respeito ao elemento cálcio, e permitir assim a ancoragem de potentes energias da Vida universal, favorecendo os processo de purificação e de cura.

Em todos os distúrbios do metabolismo do cálcio, tais como raquitismo, osteoporose, osteomalacia.

Em casos de fratura, como apoio à cicatrização óssea.

Formas de uso/Posologia

Uso interno:

- 1 cápsula 2 ou mais vezes ao dia, durante 1 a 3 meses.

Nicotiana TM

Composição

Tabaco (*Nicotiana tabacum*), folhas

Forma de preparo

Fazer a TM (tintura-mãe) das folhas frescas ou secas de tabaco[9].

Atuação

Exerce forte ação antideformante, capaz de neutralizar certas tendências do corpo astral destrutivas.

Indicações

No tratamento auxiliar de quadros de degeneração vascular na região da cabeça (associado ao óleo de poncã — vide "Poncã", na página 211).

[9] Vide maiores informações sobre a elaboração de tinturas no livro GUIA PRÁTICO DE TARAPÊUTICA EXTERNA, do mesmo autor, Editoras Cultrix/Pensamento.

No tratamento auxiliar de quadros de espasmo e degeneração da musculatura extrínseca e da intrínseca dos olhos (associado ao óleo de poncã).

No tratamento auxiliar de deformações intestinais decorrentes do plano emocional e responsáveis por disfunsões digestivas várias[10].

Formas de uso

Uso externo: compressa

Sobre os olhos, com óleo de poncã

Preparo e modo de aplicar:

- Preparar a Compressa Regeneradora dos Olhos seguindo o procedimento descrito na página 183, só que neste caso devem-se acrescentar 2 colheres (das de chá) de *Nicotiana TM* à água em que será embebida.
- Retirar a compressa do pano auxiliar, abri-la rapidamente e pingar sobre as ervas que a compõem 1 a 2 gotas de óleo de poncã.
- Aplicá-la sobre os olhos e cobri-la com uma flanela.
- Interpor 2 ou mais gazes de algodão abertas entre os olhos e a compressa, para se evitar o contato direto com a pele, o que em pessoas mais sensíveis pode causar algum ardor.

Duração da aplicação:

- 30 a 60 minutos, pelo menos.

Freqüência:

- 1 ou 2 vezes ao dia.

Duração do tratamento:

- 6 semanas ou mais, se necessário.

---

[10] Vide GUIA PRÁTICO DE TERAPÊUTICA EXTERNA, do mesmo autor, Editoras Cultrix/Pensamento.

Sobre a testa, com óleo de poncã

Preparo e modo de aplicar:

- Colocar 2 colheres (das de chá) de *Nicotiana TM* em um recipiente limpo de vidro, de inox ou de porcelana (não de plástico) e verter sobre ela um pouco de água fervente, apenas o suficiente para embeber o pano da compressa.
- Embeber, a seguir, o pano da compressa nessa solução.
- Torcer o pano, para que a solução se difunda bem nele.
- Abrir rapidamente o pano, pingar na sua parte central 5 ou 7 gotas de poncã e fechá-lo logo após.
- Colocar 2 ou mais gazes de algodão sobre a testa, para que a compressa não entre em contato direto com a pele — o que em pessoas mais sensíveis pode causar algum ardor —, e aplicá-la.
- Seguir o mesmo procedimento descrito para a compressa de puro óleo de poncã sobre a cabeça (vide "Poncã", na página 211).
- Aplicar a compressa após o almoço, e permanecer com ela pelo menos 1 hora.

Duração do tratamento:

- De 2 a 3 meses, ou mais, se necessário.

Pelargônio

Composição

Pelargônio (*Pelargonium graveolens*), folhas

Forma de preparo

Vide cataplasma em *Formas de uso.*

Atuação

Dissolve cargas negativas que o ser humano carrega consigo, acumuladas e cristalizadas na área do coração e do tórax em geral, tais como: mágoas, ressentimentos, preocupações, frustrações, ódios e outros sentimentos negativos.

Complemento medicamentoso:

Barbatimão *(Stryphnodendron barbatimao)*:

A TM (tintura-mãe) das cascas de barbatimão exerce forte ação adstringente, que atrai o corpo emocional para entrosamento harmônico com o corpo físico-etérico na área pulmonar.

Carqueja *(Baccharis trimera)*:

A TM (tintura-mãe) da parte aérea da carqueja possui potentes princípios amargos, vitalizadores, que ajudam a fortalecer o corpo físico-etérico para receber o emocional, favorecendo o entrosamento harmônico entre eles na área pulmonar.

O uso sistemático e prolongado desses extratos favorece a correta dinâmica da energia na área pulmonar; restabelece também a correta relação, no pulmão, entre o corpo físico-etérico e o emocional, necessária à respiração normal.

É efetivo principalmente em crianças, pois seus corpos são flexíveis e interagem de maneira fluida. Corpos adultos, por serem mais rígidos, não respondem tão prontamente ao uso isolado de tais extratos.

Mulungu *(Erythrina mulungu)*:

A TM (tintura-mãe) das cascas de mulungu ajuda a dissolver nódulos de energia emocional-psíquica congestionada na esfera pulmonar.

Indicações

No tratamento auxiliar da asma crônica.

No tratamento auxiliar de enfermidades cardíacas.

Formas de uso

Uso externo: cataplasma[11]

Preparo e modo de aplicar:

- Macerar algumas folhas de pelargônio recém-colhidas, colocá-las sobre a metade de um pano de algodão fino e dobrar a outra metade sobre elas (figura 4).

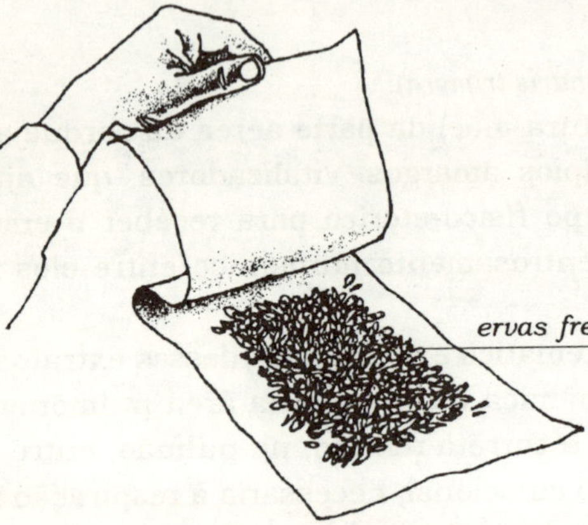

Figura 4

- Envolver essa cataplasma em um pano auxiliar (figura 5), colocá-la em um recipiente limpo, de vidro, de inox ou de porcelana (não de plástico) e despejar água fervente sobre ela (figura 6).

[11] Vide GUIA PRÁTICO DE TERAPÊUTICA EXTERNA, do mesmo autor, Editoras Cultrix/Pensamento.

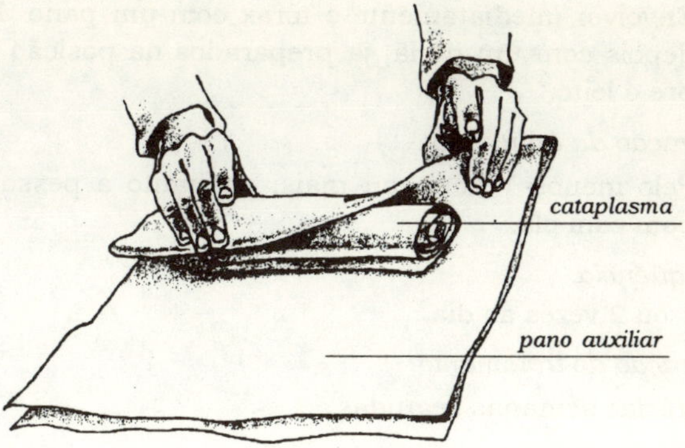

Figura 5

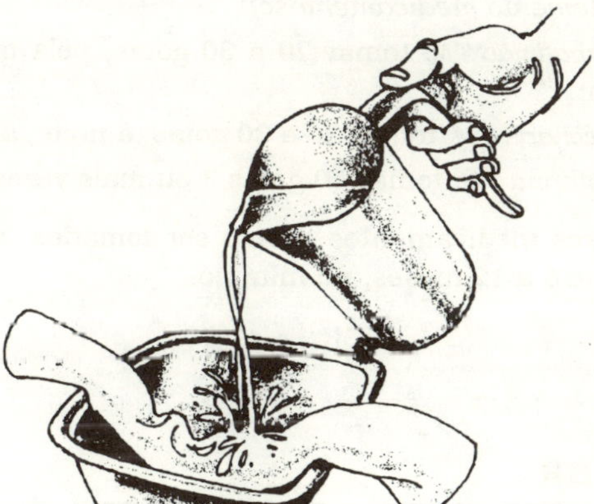

Figura 6

- Torcê-la para retirar o excesso da água.
- Retirar o pano auxiliar e aplicar a cataplasma o mais quente possível sobre as costas.

- Envolver imediatamente o tórax com um pano de flanela e depois com um de lã, já preparados na posição correta sobre o leito.

Duração da aplicação:

- Pelo menos 1 hora, ou mais, enquanto a pessoa se sentir bem com ela.

Freqüência:

- 1 ou 2 vezes ao dia.

Duração do tratamento:

- Várias semanas seguidas.

Observações:

- Enquanto o tratamento é feito, deve-se contribuir internamente no processo de cura com um trabalho consciente de liberação de mágoas e ressentimentos, envolvendo tudo e todos em contínua e amorosa onda de perdão.
- *Complemento medicamentoso:*
    - *Barbatimão TM*: tomar 20 a 30 gotas, pela manhã, em jejum.
    - *Baccharis TM*: tomar 20 a 30 gotas, à noite, ao deitar.
    - *Erythrina TM*: tomar 10 gotas 3 ou mais vezes ao dia.

    Esses medicamentos devem ser tomados, sem interrupção, de 6 a 12 meses, no mínimo.

Phoranna

Composição

Cambará (*Lantana camara*), sementes
Erva-de-passarinho (*Phoradendron rubrum*), parte aérea

Forma de preparo

Germinação sucessiva de sementes de cambará em

um solo no qual se inclui a erva-de-passarinho seca e transformada em pó.[12]

Atuação

Auxilia a dissolução de núcleos de inércia alojados no plano psíquico do ser humano.

Certos componentes energéticos do cambará possuem íntima ligação com energias do plano psíquico humano, o que direciona sua ação para essa esfera.

Juntamente com *Phorannia* e *Plummel*, auxilia na sutilização e transformação do ser, na redenção e elevação da matéria dos seus corpos (vide "Phorannia e Plummel", nas páginas 206 e 208, respectivamente).

Indicações

Na inércia e na congestão de energia na área emocional-psíquica, levando a pouca mobilidade do corpo emocional e do mental, a idéias e sentimentos cristalizados, a condicionamentos, a apegos, entre outras condições.

Na pouca agilidade diante dos fatos da vida em geral.

Formas de uso/Posologia

Uso interno:

- S2: 5 gotas 2 ou mais vezes ao dia, durante 3 ou mais semanas.
- S3: 5 gotas 1 ou mais vezes ao dia, durante 3 ou mais semanas.

---

[12] Vide detalhes desse processo no capítulo "Phoranna: a transmutação das forças de inércia", na página 54.

Phorannia

Composição

Erva-de-passarinho (*Phoradendron rubrum*), parte aérea
Vernônia (*Vernonia polyanthes*), sementes

Forma de preparo

Germinação sucessiva de sementes de vernônia em um solo no qual se inclui a erva-de-passarinho seca e transformada em pó.[13]

Atuação

Auxilia a dissolução de núcleos de inércia alojados no corpo físico-etérico do ser humano.

Certos componentes energéticos da vernônia possuem íntima ligação com energias do plano físico-etérico, o que direciona sua ação para essa esfera.

Juntamente com *Phoranna* e *Plummel*, auxilia no processo de transformação e sutilização do ser, na redenção e elevação da matéria dos seus corpos (vide "Phoranna e Plummel", nas páginas 204 e 208, respectivamente).

Indicações

Na inércia e na congestão de energia na esfera do corpo etérico, levando a certos quadros de depressão e desânimo, a hábitos e manias, a pouca energia, a pouca resposta vital, entre outras condições.

Tendência melancólica e fleumática; pouca agilidade diante dos fatos da vida em geral.

---

[13] Vide detalhes desse processo no capítulo "Phorannia: a decisão para romper com a inércia", na página 60.

Formas de uso/Posologia

Uso interno:

- S2: 5 gotas 2 ou mais vezes ao dia, durante 3 ou mais semanas.
- S3: 1 gota 2 ou mais vezes ao dia, durante 3 ou mais semanas.

Pirita/Persicária

Composição

Persicária (*Polygonum persicaria*)[14], sementes em pó	1%
Pirita (*Ferrum sulfuricum*), em pó	1%
Creme	98%

Forma de preparo

Secar as sementes e triturá-las até transformarem-se em pó bem fino.

Triturar a pirita até transformar-se também em pó bem fino.

Acrescentar os pós, na concentração indicada (1%), ao creme e misturar bem (10 a 20 minutos), até homogeneizar tudo.

Deixar descansar e envasar.

Atuação

Atua no centro energético representado pela glândula tireóide, tonificando e regenerando suas funções.

---

[14] Pode ser usada também a planta *Polygonum hydropiperoides*, botanicamente semelhante à *Polygonum persicaria*.

Auxilia no tratamento com os metais vegetabilizados *Pirita/Persicária, Cuprum/Leonorus, Aurum/Leonotis*[15], que restabelecem e equilibram o circuito energético sutil existente entre as glândulas pineal, hipófise e tireóide.

Indicações

Nos distúrbios energéticos relacionados com o centro laríngeo: processos inflamatórios e degenerativos da glândula tireóide, faringite, laringite, distúrbios da voz, entre outros.

Formas de uso

Uso externo: creme

- Aplicar sobre a região da glândula tireóide, friccionando bem, 1 a 2 vezes ao dia, durante semanas ou meses, conforme o evolução do quadro.

Plummel

Composição

Açúcar cristal (*Saccharum sacchari*), finamente triturado
Chumbo (*Plumbum metallicum*), finamente triturado
Favo de abelhas, recém-colhido, com mel

Forma de preparo

Misturar chumbo em pó ao açúcar cristal, em partes iguais, e triturá-los até estarem finamente pulverizados e amalgamados.

---

[15] Vide CURAS PELA QUÍMICA OCULTA, do mesmo autor, Editoras Cultrix/Pensamento.

Tomar um favo de mel recém-colhido, desopercular alguns favos centrais e aspirar deles parte do mel.

Introduzir nos favos a mistura chumbo-açúcar, em diminuta quantidade, cobrindo-a com o mel aspirado.

Deixar em repouso por três semanas, durante as quais cria-se uma interação silenciosa, sutil, invisível e dinâmica entre os elementos componentes.

Ao final, recolher a mistura mel-chumbo-açúcar, secá-la e dinamizá-la até o nível de sutilização S3.

Atuação

Auxilia a dissolução de núcleos de inércia, alojados no corpo físico, que levam à estagnação, ao endurecimento e à esclerose, condições amplamente disseminadas no organismo humano, sobretudo hoje em dia.

Juntamente com *Phoranna* e *Phorannia*, auxilia no processo de transformação e sutilização do ser, na redenção e elevação da matéria de seus corpos (vide "Phoranna e Phorannia", nas páginas 204 e 206, respectivamente).

Indicações

Na tendência à esclerose em geral: arteriosclerose, esclerose de órgãos e tecidos do corpo, entre outras.

Na tendência à arteriosclerose cerebral, quando se enfraquece o poder de concentração do pensamento e a memória começa a falhar.

Formas de uso/Posologia

Uso interno:

- S3: 5 gotas 2 ou mais vezes ao dia.

Observação:

- Este medicamento pode ser usado por longos períodos conforme a evolução do quadro, com pausas curtas, de 15 a 30 dias, a cada 6 ou 8 semanas.

Polyanthes

Composição

Vernônia (*Vernonia polyanthes*), sementes secas

Forma de preparo

Pegar sementes de vernônia, secá-las bem e triturá-las até se transformarem em pó bem fino.

Dinamizar o pó em diferentes níveis de sutilização S1, S2 e S3.

Atuação

Auxilia na sublimação da energia sexual em corpos masculinos, tornando-a mais dócil e receptiva aos comandos do ser interno.

Indicações

Principalmente para seres em corpos masculinos que se mantêm em castidade física ou que assumem períodos regulares de abstinência sexual e querem colaborar na sublimação da própria energia instintiva.

Formas de uso/Posologia

Uso interno:

- S1: 1 comprimido 3 ou mais vezes ao dia, durante 3 ou mais semanas.
- S2: 5 gotas 2 ou mais vezes ao dia, durante 3 ou mais semanas.

- S3: 5 gotas 1 ou mais vezes ao dia, durante 3 ou mais semanas.

Poncã (essência)

Composição

Poncã (*Citrus reticulata* Blanco), óleo essencial das cascas do fruto

Forma de preparo

Destilação, por arraste de vapor, das cascas de poncã.

Atuação

Dissolve aglomerados psíquicos densos e conflituosos que se arraigam na região da cabeça e também os que se arraigam nos corpos de modo geral.

Fornece substrato adequado à ação de fogos purificadores.

Indicações

Nos quadros de enxaqueca rebeldes a tratamentos, persistentes e crônicos.

Nos quadros de degeneração vascular, principalmente na esfera da cabeça: aneurismas, angiomas, entre outros (associado a *Nicotiana TM*, sob forma de compressa — vide "Nicotiana TM", na página 198).

Nos quadros de espasmo e degeneração da musculatura extrínseca e da intrínseca dos olhos (associado a *Nicotiana TM*, sob forma de compressa — vide "Nicotiana TM", na página 198).

Formas de uso

Uso externo: **compressa**

Na cabeça

Preparo e modo de aplicar:

- Dobrar ao meio um pequeno pano de algodão.
- Pingar 5 a 7 gotas do óleo de poncã na área central de uma das metades e cobri-las com a outra.
- Colocar 2 ou mais gazes de algodão abertas sobre a nuca, para que a compressa não entre em contato direto com a pele, o que em pessoas mais sensíveis pode causar algum ardor.
- Aplicar a compressa e envolvê-la com uma faixa de flanela comprida o suficiente para dar pelo menos 1 volta em torno na cabeça; fixar a faixa.
- Colocar uma touca de plástico, para o óleo não se volatilizar rápido demais.
- Permanecer com a compressa durante toda a noite e retirá-la pela manhã, guardando o pano, então, em um saco plástico, protegido da luz.
- Aplicar a mesma compressa sobre a testa, após o almoço, e permanecer com ela pelo menos 1 hora.

Duração do tratamento:

- Aplicar as compressas durante 6 semanas ou mais, se necessário.

Sobre os olhos, com Nicotiana TM

- Vide "Nicotiana TM", na página 198.

Na cabeça, com Nicotiana TM

- Vide "Nicotiana TM", na página 198.

Rosmarinho (essência)

Composição

Rosmarinho (*Rosmarinus off.*), óleo essencial das folhas

Forma de preparo

Destilação por arraste de vapor das folhas de rosmarinho.

Atuação

Atua no ajuste de deficiências cardíacas, energeticamente ligadas ao processo respiratório.

Provoca efeitos vasodilatadores que equilibram certas oscilações cardíacas.

Ajusta, por meio dos vórtices energéticos de seus elementos etéricos, desarmonias nos corpos sutis.

Indicações

Em enfermidades cardíacas de maneira geral, como apoio ao tratamento medicamentoso.

Formas de uso

Uso externo: aspiração da essência aromática

- Colocar algumas gotas de óleo essencial de Rosmarinho em água mantida sempre aquecida e aspirar o vapor assim energizado.
- Repetir esse procedimento durante algumas semanas (3, 6, 9 ou mais): pela manhã, ao acordar, e à noite, ao deitar.

Tonambur

Composição

Amarelinha (*Melampodium divaricatum*), flores
Topinambur (*Helianthus tuberosus*), tubérculos

Forma de preparo

Ralar alguns tubérculos frescos de topinambur, colocar a massa resultante em um vidro transparente e cobri-la com água pura.

Lançar nessa mesma água algumas flores de *amarelinha.*

Expor o frasco ao sol e ao sereno durante sete dias e sete noites seguidas, no período que compreende a lua nova com os três dias que a antecedem e os três que se seguem a ela.

Renovar a água e as flores toda manhã.

Pôr a massa para secar ao finalizar o processo.

Dinamizar, a seguir, essa massa até os níveis de sutilização S1, S2 e S3.

Atuação

Reforça a presença, no pâncreas, das forças estruturantes superiores que o regem.

Tonifica a função, exercida pelo pâncreas, de filtro e guardião da entrada do mundo orgânico.

Tonifica as funções digestivas do pâncreas, vitalizando-o e colaborando na sua regeneração.

Indicações

Em distúrbios metabólicos do pâncreas, tais como

hiperglicemia (*diabetes mellitus*), hipoglicemia, insuficiências digestivas em graus variados, devidos à desvitalização desse órgão, causada por sua vez por sobrecargas intelectuais e mentais, por cargas psíquicas conflituosas do próprio indivíduo ou do ambiente e por deficiências constitucionais do órgão.

Na diabetes juvenil ou em quadros de agressão autoimune da estrutura renal do adolescente, devidos à desvitalização do pâncreas, causada por sua vez por cargas psíquicas conflituosas do próprio indivíduo ou do ambiente.

Formas de uso/Posologia

Uso interno:

- S1: 1 comprimido 3 ou mais vezes ao dia, durante 3 ou mais semanas.
- S2: 5 gotas 2 ou mais vezes ao dia, durante 3 ou mais semanas.
- S3: 5 gotas 1 ou mais vezes ao dia, durante 3 ou mais semanas.

Uru-Vita

Composição

Argentum sulfuratum (*Argentit*) S2, em pó	0,3%
Cuprum carbonicum (*Malachit*) S2, em pó	0,3%
Ferrum sidereum (*Siderit*) S2, em pó	0,3%
Urucum (*Bixa orellana*), sementes	10%
Óleo vegetal puro, de preferência extraído a frio	89%

Forma de preparo

Colocar as sementes de urucum em uma vasilha de

inox ou de vidro com o óleo vegetal e levar ao banho-maria (entre 37°C e 40°C).

Mexer freqüentemente, para facilitar a liberação gradativa dos pigmentos oleosos do urucum para o óleo vegetal.

Manter o banho-maria de 3 a 6 horas.

No final, coar tudo, para retirar as sementes de urucum.

No óleo intensamente corado pelo urucum, introduzir os pós dos metais dinamizados (*Argentit*, *Malachit* e *Siderit*), nas concentrações correspondentes, e dinamizar todo o conjunto em um frasco de vidro suficientemente grande, por 3 minutos.

Deixar descansar alguns minutos e envasar.

Atuação

Regenera e tonifica a corrente anabólica orgânica, desde a assimilação de substâncias e forças trazidas pelo alimento e a sua incorporação ao organismo, até a formação do sangue.

Indicações

Nos quadros carenciais: anemias, desgaste orgânico acentuado, desvitalização geral, doenças consumptivas, entre outros.

Formas de uso/Posologia

Uso interno:

- 10 a 20 gotas 2 a 3 vezes ao dia, durante 1 a 3 meses conforme a necessidade.
- Pingar as gotas sobre alimentos: pão, torradas, saladas, legumes, cereais, massas, etc., ou tomá-las puras.

Síntese das qualidades sutis dos produtos

Alfafa/Silimel

Atua na estrutura mineral do organismo como um todo, fortalecendo-o; é fonte rica e variada de elementos e sais minerais vegetabilizados, concentrados e dinamizados.

Permite a ancoragem de potentes energias de purificação, de transmutação e de cura no ser.

Anccor

Colabora na ancoragem da essência espiritual do ser humano na corrente sangüínea.

Colabora na mobilização e remoção do que se estagna e se cristaliza no organismo humano, purificando-o e regenerando-o.

Argila/Persicária

Atua no centro energético representado pela glândula tireóide, tonificando e regenerando suas funções.

Colabora no restabelecimento e na harmonização do circuito energético sutil existente entre as glândulas pineal, hipófise e tireóide.

Baccharis/Chamomila

Atuam sinergicamente, como plantas companheiras, no tubo digestivo, revitalizando-o, regenerando-o e tonificando-o.

Chá Regenerador dos Olhos

Dissolve cargas de energia psíquica congestionada na musculatura extrínseca e na intrínseca dos olhos, relaxando-os, regenerando-os e revitalizando-os.

Chá Triflores

Colabora na regeneração e no revigoramento do fígado e dos demais órgãos digestivos, com repercussões positivas para o estado de ânimo do ser.

Datura

Auxilia na sublimação da energia sexual em corpos femininos, tornando-a mais dócil e receptiva aos comandos do ser interno.

Dermaton

Atua na contenção e dissolução de manifestações alérgicas na pele, sobretudo as causadas por picadas de insetos, pois ajuda o organismo a absorver e neutralizar suas peçonhas.

Helianthus/Silimel

Atua na estrutura mineral do organismo, fortalecendo-o; é fonte rica e variada de elementos e sais minerais vegetabilizados, concentrados e dinamizados.

Apóia especialmente o metabolismo do fósforo.

Permite a ancoragem de potentes energias de purificação, de transmutação e de cura no ser, relacionadas à luz.

Lepdon

Dissolve congestionamentos e bloqueios de energia no sistema muscular.

Lepidium/Nasturtium

Atua na glândula tireóide, daí influenciando todo o metabolismo regido por ela, sobretudo no organismo feminino.

Litolítica

Colabora na tonificação do sistema renal como um todo.

As propriedades antiespasmódica, antilítica, anti-reumática, depurativa e diurética de seus diversos componentes auxiliam na eliminação de resíduos do sistema renal e de todo o organismo.

Myoton

Canaliza forças cósmicas sutis de qualidades estruturantes e revitalizantes da musculatura do corpo humano.

Napus/Silimel

Fortalece a estrutura esquelética, em especial no que se refere ao elemento cálcio, pelo aporte desse elemento e de sais minerais vegetabilizados, concentrados e dinamizados.

Permite a ancoragem de potentes energias da Vida universal, favorecendo os processo de purificação e de cura.

Pelargônio

Dissolve cargas negativas que se acumulam e cristalizam na área do coração e do tórax em geral.

Phoranna

Auxilia a dissolução de núcleos de inércia alojados no plano psíquico do ser humano.

Auxilia na transformação e sutilização do ser, na redenção e elevação da matéria de seus corpos.

Phorannia

Auxilia a dissolução de núcleos de inércia alojados no corpo físico-etérico do ser humano.

Auxilia na transformação e sutilização do ser, na redenção e elevação da matéria de seus corpos.

Pirita/Persicária

Atua no centro energético representado pela glândula tireóide, tonificando e regenerando suas funções.

Colabora no restabelecimento e na harmonização do circuito energético sutil existente entre as glândulas pineal, hipófise e tireóide.

Plummel

Auxilia a dissolução de núcleos de inércia, alojados no corpo físico, que levam à estagnação, ao endurecimento e à esclerose.

Auxilia na transformação e sutilização do ser, na redenção e elevação da matéria de seus corpos.

Polyanthes

Auxilia na sublimação da energia sexual em corpos masculinos, tornando-a mais dócil e receptiva aos comandos do ser interno.

Poncã (essência)

Dissolve aglomerados psíquicos densos e conflituosos que se arraigam principalmente na região da cabeça, ou em outras áreas do corpo.

Fornece substrato à ação de potentes fogos purificadores.

Rosmarinho (essência)

Atua no ajuste de deficiências cardíacas energeticamente ligadas ao processo respiratório.

Provoca efeitos vasodilatadores que equilibram certas oscilações cardíacas.

Ajusta, por meio dos vórtices energéticos de seus elementos etéricos, desarmonias nos corpos sutis.

Tonambur

Reforça a presença, no pâncreas, das forças estruturantes superiores que o regem, tonificando a função exercida por ele de filtro e guardião da entrada do mundo orgânico.

Tonifica as funções digestivas do pâncreas, vitalizando-o e colaborando na sua regeneração.

Uru-Vita

Regenera e tonifica a corrente anabólica orgânica, desde a assimilação de substâncias e forças trazidas pelo alimento e a sua incorporação ao organismo, até a formação do sangue.

Identificação botânica das plantas

Agrião (*Nasturtium officinale* R. Br. — *Cruciferae*)

- Planta herbácea, de pequeno porte; caule tênue, carnoso e anguloso.
- Folhas pecioladas, compostas, de 2 a 9 folíolos carnosos e ovais; verde-escuras.
- Flores brancas, pequenas, reunidas em inflorescências tipo cacho, terminais; 4 pétalas dispostas em cruz.
- Fruto seco, um pouco arqueado.
- Desenvolve-se bem em lugares úmidos; usam-se as folhas e os caules.
- Sinônimo: agrião-d'água.

Alecrim-do-campo (*Baccharis dracunculifolia* DC. — *Compositae*)

- Planta perene, arbustiva, ereta, de 2 a 3 m de altura; caule muito ramificado, com ramos cobertos de pêlos.
- Folhas lanceoladas, dispostas alternadamente, membranáceas e preenchidas de glândulas, de 1 a 3 cm de comprimento e 3 a 5 mm de largura.
- Flores brancas, reunidas em inflorescências nas axilas das folhas; formam vários grupos e exalam intenso perfume.
- Vegeta no centro e no sul do país; floresce no verão; reproduz-se por sementes; utilizam-se as folhas e as inflorescências.
- Sinônimos: alecrim-de-vassoura, vassoura, vassourinha, vassoureira, entre outros.

Alfafa (*Medicago sativa* L. — *Leguminosae*)

- Planta perene, herbácea, ereta, de 60 a 90 cm de altura.
- Folhas dispostas alternadamente, compostas de 3 folíolos ovais.
- Flores pequenas, em número de 5 a 15, de cor violácea, dispostas em cachos abertos.
- Planta de crescimento estival, mais cultivada no sul do país, predominantemente como forrageira; altas temperaturas e alta intensidade luminosa promovem seu grande desenvolvimento vegetativo e reprodutivo; floresce na primavera/verão; reproduz-se por sementes; utiliza-se a parte aérea da planta; também usada na alimentação humana, principalmente sob a forma de sementes germinadas.
- Sinônimo: luzerna.

Amarelinha (*Melampodium divaricatum* DC. — *Compositae*)

- Planta herbácea, anual, ereta, ramificada, ramos ásperos, de 80 a 160 cm de comprimento.
- Folhas opostas, pecioladas, membranáceas, trinérveas, estreito-ovaladas, de ápice agudo e base cuneada, margens serreadas, de 7 a 14 cm de comprimento.
- Flores amarelas, as centrais masculinas e tubulosas, as marginais femininas e liguladas, com inflorescências terminais, em capítulos longo-pedunculados; invólucro bisseriado; brácteas involucrais externas em número de 5. Fruto tipo aquênio, rugoso, truncado no ápice, desprovido de aristas.
- Ocorre em alguns Estados do Centro-Sul (Minas Gerais, São Paulo e Paraná), e em alguns do Nordeste (Bahia, Pernambuco e Alagoas); apresenta preferência por solos argilosos e férteis; é bastante variável no tamanho e forma de suas folhas e compõe grandes touceiras arredondadas; quando nativa predomina em lavouras anuais, pomares e cafezais; é também cultivada como ornamental pela beleza de seu conjunto, que permanece florido longo tempo; reproduz-se facilmente por sementes; utilizam-se aqui as flores.
- Sinônimo: estrelinha.

Barbatimão (*Stryphnodendron barbatimao* Mart. — *Leguminosae*)

- Árvore de porte médio, caule tortuoso e ramos de folhagem escassa.
- Folhas compostas, pequenas, de folíolos ovais.
- Flores vermelhas e esbranquiçadas, reunidas em inflorescências tipo espiga.
- Fruto tipo vagem achatada e grossa.
- De origem incerta, ocorre em quase todos os Estados do Brasil, desde o Pará até São Paulo, incluindo Minas Gerais; apresenta crescimento lento e cascas muito ricas em tanino (50%); é muito comum nos cerrados; floresce na primavera; reproduz-se por sementes; utilizam-se as cascas do tronco.
- Sinônimos: uabatimô, ibatimô, paricarana, entre outros.

Bardana (*Arctium lappa* L. — *Compositae*)

- Planta bianual, herbácea, ereta, atinge até 2 m altura; caule bem ramificado, coberto de pêlos.
- Folhas grandes, dispostas alternadamente, pecioladas; as inferiores em forma de coração; as superiores, ovaladas.
- Flores azul-arroxeadas, reunidas em inflorescências inseridas num eixo comum.
- Planta aclimatada no país; prefere regiões de clima mais ameno e necessita de períodos frios para florescer; é espontânea em lugares de até 1.800 m de altitude; floresce no verão; reprodução por sementes; utilizam-se as folhas e as raízes.
- Além dessa espécie, bardana-maior, há outra variedade no país, a bardana-menor, ou bardana-comum (*Arctium minus*), de menor porte, com propriedades semelhantes à primeira.
- Sinônimos: bardana-maior, erva-dos-tinhosos, gobô, orelha-de-gigante, entre outros.

Batata-doce (*Ipomoea batatas* Poir. — *Convolvulaceae*)

- Planta herbácea, rastejante, glabra ou pubescente, com hastes de 2 a 3 m de comprimento.
- Folhas vistosas, alternas, pecioladas, cordiformes ou ligeiramente sagitadas, lobadas ou inteiras.
- Flores axilares, estreito-campanuladas, uma ou mais em cada pedúnculo, de coloração branca, rósea, roxa ou vermelha. Fruto tipo cápsula ovóide, com sementes pilosas.
- Nativa da América, é hoje cultivada em quase todo o mundo, pois apresenta diversas variedades; reproduz-se por estacas do caule, ou pelos próprios tubérculos; prefere climas quentes e úmidos; utilizam-se as raízes como alimento e também as folhas, depois de secas e trituradas.
- Sinônimos: batata-da-ilha, batata-da-terra.

Cambará (*Lantana camara* L. — *Verbenaceae*)

- Planta perene, subarbustiva, ereta; caule quadrangular, com pequenos espinhos recurvados, atinge até 1,5 m de altura.
- Folhas opostas, ásperas, de 3 a 7 cm de comprimento.
- Flores de coloração amarela e vermelha, agrupadas em inflorescências axilares e terminais, em capítulos longo-pedunculados, aromáticas.
- Frutos negro-arroxeados, de 3 a 4 mm de diâmetro, tipo baga globosa.
- Planta tropical, ocorre na maioria dos Estados do país; floresce durante quase todo o ano; reproduz-se por sementes, mudas ou estacas de galho; utilizam-se flores e folhas; é tóxica para o gado.
- Sinônimos: camará, cambará-de-cheiro, cambará-de-espinho, cambará-verdadeiro, cambará-vermelho, entre outros.

Camomila (*Matricaria chamomilla* L. — *Compositae*)

- Planta herbácea, anual, ereta, muito ramificada, atinge até 50 cm de altura.

- Folhas alternas, profundamente divididas.
- Inflorescências em capítulos terminais, de até 2 cm de diâmetro, parte central cônica; flores periféricas liguladas, brancas; de odor característico.
- Planta originária da Europa e do norte da África; reproduz-se por sementes; utilizam-se os capítulos florais.
- Sinônimos: camomila-comum, camomila-vulgar, matricária.

Capim-cidreira (*Cymbopogon citratus* Stapf. — *Gramineae*)

- Planta perene, herbácea, ereta, atinge até 2 m de altura; de touceiras compactas e grandes, rizomas curtos; caule tipo colmo, liso, sem pêlos; exala intenso aroma ao ser tocada.
- Folhas alongadas, lineares, lanceoladas, de até 80 cm de comprimento, ásperas nas duas faces, bordo cortante, recobertas por uma fina camada de cera esbranquiçada.
- Flores reunidas em panículas.
- Aclimatada no país, vegeta em todos os Estados, preferindo climas quentes e úmidos, com chuvas bem distribuídas e temperatura média elevada; não resiste a geadas, porém rebrota na primavera; floresce raramente no Brasil; utilizam-se as folhas.
- Sinônimos: capim-cheiroso, capim-cidreira, capim-limão, chá-de-estrada, erva-cidreira, entre outros.

Capim-gordura (*Melinis minutiflora* Beauv. *Gramineae*)

- Planta perene, herbácea, ereta, entouceirada; colmos com nós pilosos e avermelhados, atingem 40 a 80 cm de altura.
- Folhas lanceoladas, lineares, cobertas de pêlos, aromáticas, com sensação de gordura ao tato, de 6 a 10 cm de comprimento por 5 a 10 mm de largura.
- Inflorescências em panículas compostas, de coloração roxo-avermelhadas ou violáceas.
- Forrageira rústica, de grande rapidez de crescimento, desenvolve-se espontaneamente em qualquer tipo de solo; flo-

resce no verão/outono; reproduz-se por sementes, rizomas e estolhos; utiliza-se a parte aérea da planta.

- Sinônimos: capim-melado, capim-meloso, capim-gordo, entre outros.

Carqueja (*Baccharis trimera* DC. — *Compositae*)

- Planta perene, herbáceo-arbustiva, ereta, de 50 a 80 cm de altura; caule liso, lenhoso, trialado.
- Folhas fundidas, com alas planas e interrompidas.
- Flores amarelas, reunidas em inflorescências; formam espigas alongadas e interrompidas.
- Vegeta em quase todos os Estados do país; floresce no outono; reproduz-se principalmente por sementes; utilizam-se os ramos alados com os botões florais começando a se abrir.
- Sinônimos: carqueja-amarga, carqueja-amargosa, vassoura, entre outros.

Chapéu-de-couro (*Echinodorus grandiflorus* Mitch. — *Alismataceae*)

- Planta aquática, perene, herbácea; caule triangular, desprovido de pêlos, de 1,5 a 2 m de altura.
- Folhas coriáceas, longo-pecioladas, ovaladas ou cordiformes, grandes, de 60 a 150 cm de comprimento por 35 cm de largura.
- Flores brancas, pequenas, numerosas, perfeitas, dispostas em inflorescências tipo panícula.
- Cresce espontaneamente nas margens dos rios, lagos e pântanos em São Paulo, Minas Gerais, Mato Grosso e em outros Estados; floresce na primavera/verão; reproduz-se principalmente por sementes; utilizam-se as folhas antes do período de floração.
- Sinônimos: chá-de-campanha, chá-mineiro, congonha-do-brejo, erva-do-brejo, entre outros.

Cipó-cabeludo (*Mikania hirsutissima* L. — *Compositae*)

- Planta herbácea, anual, trepadeira ou volúvel, ramos pilosos, de coloração branca.
- Folhas pecioladas, opostas, cordiforme-ovadas, acuminadas, dentadas, coriáceas, densamente pubescentes em ambas as faces.
- Flores brancas, em inflorescências axilares, corimbosas, de capítulos pedunculados. Fruto tipo aquênio glabro, cilíndrico.
- Planta aromática e de gosto amargo.
- Medra espontaneamente nos Estados de São Paulo, Minas Gerais e Bahia; melífera; reproduz-se por meio de sementes ou por estaquia; prefere terrenos úmidos e arenosos; utiliza-se a planta toda.
- Existem outras variedades do gênero *Mikania*, nativas em todos os Estados, de propriedades medicinais semelhantes.
- Sinônimos: cipó-caatinga, erva-de-cobra, erva-dutra, entre outros.

Cipó-prata (*Banisteria argyrophylla* Juss. — *Malpighiaceae*)

- Trepadeira lenhosa grande, de ramos finos e alongados.
- Folhas opostas, pecioladas, ovaladas, arredondadas na base, cor verde-escura na face superior e prateada na inferior.
- Flores brancas e amarelas, franjadas, reunidas em umbelas paniculadas, estas dispostas em corimbos terminais.
- Ocorre principalmente em Minas Gerais e São Paulo; floresce no verão; reproduz-se por sementes; utilizam-se as folhas.
- Sinônimos: desconhecem-se.

Confrei (*Symphytum officinalle* L. — *Borraginaceae*)

- Planta perene, herbácea, ereta, de touceiras com até 80 cm de altura; caule ramificado, vigoroso, áspero, anguloso e alado.

- Folhas ovaladas e lanceoladas, um pouco onduladas, ásperas e revestidas de pêlos.
- Flores grandes, de cor branca, amarela ou violácea, reunidas em inflorescências no ápice dos ramos.
- Pode vegetar em todo o país, cultivada em hortas e jardins; prefere solos úmidos e ricos em matéria orgânica; floresce no verão; reproduz-se pelos seus grossos rizomas; utilizam-se as folhas, os rizomas e as raízes, para uso externo apenas.
- Sinônimos: consolda, consólida.

Cordão-de-frade [*Leonotis nepetaefolia* (L.) R. Br. — *Labiatae*]

- Planta anual, herbácea ou subarbustiva, aromática, caule quadrangulado, de 80 a 160 cm de altura.
- Folhas membranáceas, de bordos ciliados e crenados, de 5 a 10 cm de comprimento.
- Flores em inflorescências tipo glomérulo, axilares, dispostas a intervalos regulares ao longo dos caules.
- Planta originária das Índias Orientais e África; é mais comum na planície litorânea; relativamente freqüente em solos cultivados e terrenos baldios; floresce no verão e outono; reproduz-se por sementes; utiliza-se a parte aérea florida.
- Sinônimos: cordão-de-frade-verdadeiro, cordão-de-são-francisco, cauda-de-leão, entre outros.

Datura (*Datura wrightii* L. — *Solanaceae*)

- Planta herbácea, anual, pilosa; pêlos longos, densos.
- Folhas longamente pecioladas, oblongas, subcordadas, de ápice acuminado, de margem inteira ou denteada.
- Flores curtamente pediceladas, eretas, de cálice tubuloso, cilíndrico, 5 denteado, com 15 a 20 cm de comprimento. Fruto tipo cápsula globosa, espinhenta.
- Planta tóxica, principalmente as folhas e os frutos; reproduz-se por sementes; floresce por longo período, iniciado na primavera; utilizam-se os botões florais ainda fechados.
- Sinônimos: trombeteira, entre outros.

Embaúba (*Cecropia peltata* L. — *Moraceae*)

- Árvore alta e esguia, ramificada somente no ápice; pode atingir de 9 a 25 m de altura; tronco reto e oco, com nós e entrenós.
- Folhas cordiformes ou arredondadas, tenras e enormes, atingindo às vezes 1 m de comprimento, são divididas em 7, 8 ou 9 lobos unidos parcialmente, de tonalidade prateada.
- Flores femininas em número de 4; masculinas muito numerosas.
- Ocorre principalmente nas regiões tropicais, e até mesmo nas zonas secas centrais, do Sul e do Nordeste; cresce espontaneamente em terras úmidas das matas naturais, preferindo o clima quente e úmido e as margens dos rios; floresce no verão; reproduz-se por sementes; utilizam-se as folhas e os brotos. Existem várias espécies do gênero *Cecropia* e todas possuem propriedades semelhantes.
- Sinônimos: ambaú, ambaíba, árvore-da-preguiça, entre outros.

Erva-de-passarinho [*Phoradendron rubrum* (L.) Gris — *Loranthaceae*]

- Planta perene, parasita, delicada, bastante ramificada, ramos mais ou menos cilíndricos; entrenós de 2 a 6 cm de comprimento e com um único par de catáfilos na base do primeiro entrenó dos ramos secundários.
- Folhas opostas, oblongas, cuneiformes na base e ápice obtuso arredondado, coriáceo-membranáceas.
- Inflorescências em espigas com 2 a 3 articulações, em número de 1 a 3 por nó, de 2 a 3 cm quando em fruto, sustentadas por pedúnculo de 3 a 5 mm de comprimento.
- Fruto baga globosa, de coloração alaranjado-viva até vermelha, de 3 a 4 mm de diâmetro.
- Infesta principalmente árvores frutíferas e ornamentais; sementes disseminadas pelos pássaros, as quais, ao caírem sobre um galho, germinam e formam um imenso tufo vegetativo com centenas de ramos e raminhos.
- Sinônimos: enxerco, enxerto-de-passarinho, passarinheira, visgo, tem-tem, entre outros.

Eucalipto (*Eucaliptus citriodora* Hook. — *Myrtaceae*)

- Árvore de grande porte, vistosa, elegante, de caule ereto e liso, atinge até 32 m de altura; casca quase branca, desprendendo-se em lâminas finas.
- Folhas variáveis, compridas, estreitas, nervadas, sem pêlos, brilhantes e de cor igual nas duas faces, aromáticas.
- Flores numerosas, dispostas em cachos compostos e curto-peciolados.
- Fruto em cápsula ovóide ou globosa, comprimida nos bordos.
- Existem mais de 700 espécies de Eucalipto, cultivadas em quase todo o mundo, sob as mais diversas condições climáticas, apesar de ser uma planta de clima quente; esta espécie é de rápido crescimento (12 a 13 m em 4 anos); floresce no outono e na primavera; reproduz-se por sementes; utilizam-se as folhas.
- Sinônimos: desconhecem-se.

Gervão (*Stachytarphetta cayenensis* Vahl — *Verbenaceae*)

- Planta anual ou perene, herbácea ou subarbustiva, ereta, ramificada, caule semiquadrangular, de 30 a 70 cm de altura.
- Folhas opostas, ovais ou elípticas, margens serreadas, pubescentes, de 4 a 8 cm de comprimento e 2 a 3 cm de largura.
- Flores de coloração azul ou violeta-clara, dispostas em inflorescências terminais, em espigas delgadas de 10 a 25 cm de comprimento.
- Ocorre em quase todos os Estados do país, principalmente em pastagens, pomares, lavouras anuais, canaviais e terrenos baldios; floresce quase todo o ano; reproduz-se por sementes; utilizam-se as inflorescências e também a planta toda.
- Sinônimos: gervão-azul, gervão-de-folha-de-verônica.

Girassol (*Helianhus annuus* L. — *Compositae*)

- Planta oleaginosa, anual, herbácea, ereta; caule cilíndrico, não ramificado, de 1 a 3 m de altura.

- Folhas longo-pecioladas, cordiformes, irregularmente denteadas, com 3 nervuras principais e salientes.
- Flores amarelo-douradas, dispostas em inflorescências tipo capítulos, multiformes, atingem até 50 cm de diâmetro.
- Planta cultivada em todas as partes do mundo, rústica e resistente à falta de água; floresce no verão; reproduz-se por sementes; utilizam-se as sementes, folhas, flores e pólen.
- Sinônimos: desconhecem-se.

Goiabeira (*Psidium guayava* L. — *Myrtaceae*)

- Árvore pequena, tortuosa, ramificada, com as extremidades dos ramos quadrangulares.
- Folhas opostas, curtamente pecioladas, coriáceas, oblongo-elípticas, glabras na face superior e ligeiramente pubescente na inferior.
- Flores pequenas, alvas, 1 a 3 em pedúnculos axilares. Fruto tipo baga redonda, ovóide ou periforme, comestível.
- Originária da América do Sul e Central, tem seu hábitat nas serras frescas e zona litorânea; possui diversas variedades, cultivadas em praticamente todo o país; reproduz-se por sementes; utilizam-se os frutos, na alimentação, e as sementes trituradas, como complemento.
- Sinônimos: guaíba, guaiava.

Guandu [*Cajanus cajan* (L.) Huth. — *Leguminosae*]

- Planta arbustiva, ereta, pubescente; caule lenhoso, atinge ate 3 m de altura.
- Folhas pecioladas, verde-acinzentadas, elípticas, guarnecidas de pêlos.
- Flores de coloração amarela, às vezes com estrias arroxeadas, dispostas em inflorescências tipo cacho.
- Fruto tipo vagem, linear, de 4 a 9 cm de comprimento, com várias sementes globoso-comprimidas, de cor castanha ou acinzentada.
- De origem ainda não determinada, adapta-se bem aos climas equatorial e subtropical, quentes e úmidos; cultivada

na Ásia há mais de 3.000 anos; altamente aclimatável, é encontrada no Sudeste, no Sul e no Nordeste, especialmente na Bahia; floresce durante quase todo o ano, com o ápice de floração no verão; reproduz-se por sementes; utilizam-se as folhas e as sementes.

- Sinônimos: andu, ervilha-de-angola, feijão-andu, feijão-de-árvore, feijão-guandu, guando, entre outros.

Hortelã-crespa (*Mentha crispa* L. – *Labiatae*)

- Planta perene, herbácea, de ramos eretos, quadrangulares, ramificados na porção superior.
- Folhas opostas, curto-pecioladas, ovaladas, com margens abruptamente denteadas, enrugadas, pilosas e aromáticas.
- Flores tubulares, labiadas, dispostas em cachos terminais e axilares.
- As espécies de hortelã cruzam-se facilmente entre si, motivo pelo qual sua identificação botânica é bastante complexa; originárias de clima temperado, adaptam-se bem a climas subtropicais com boa iluminação solar e chuvas bem distribuídas; suportam altas temperaturas, desde que não haja deficiência de água no solo; temperaturas muito elevadas associadas a pouca água diminuem o seu teor de óleos aromáticos; florescem na primavera/verão; utilizam-se as folhas.
- Sinônimos: hortelã-comum, hortelã-rasteira, hortelãzinho, menta-crespa.

Hortelã-do-campo (*Hyptis suaveolens* – *Labiatae*)

- Planta anual, herbácea ou subarbustiva, ereta, de 50 a 150 cm de altura; caule ramificado, quadrangulado e revestido de pêlos finos e curtos, toda a planta exala um aroma intenso na região onde vegeta.
- Folhas opostas, membranáceas, cobertas de pêlos em ambas as faces, de 4 a 10 cm de comprimento.
- Flores de coloração roxo-clara ou azulada, reunidas em in-

florescências no ápice dos ramos e nas axilas das folhas, e inseridas em um eixo comum.

- Vegeta desde o Pará até Santa Catarina, incluído o Centro-Oeste, sendo mais freqüente em zonas de cerrado; floresce de dezembro a abril; reproduz-se por sementes; utiliza-se toda a planta, com os botões florais não totalmente abertos.
- Sinônimos: bamburral, cheirosa, salva-limão, betônia, entre outros.

Japecanga (*Smilax brasiliensis* Spreng. — *Liliaceae*)

- Planta perene, trepadeira, lenhosa, caule espinhoso e retorcido, muito ramificada, glabra, de 1 a 2 m de comprimento.
- Folhas alternas, oblongo-elípticas, mucronadas em ambas as extremidades, coriáceas, margens acúleo-denteadas, nervura central aculeada por baixo, de 3 a 6 cm de comprimento por 2 a 3 cm de largura.
- Inflorescências axilares, em umbelas pedunculadas, com 15 a 30 flores. Fruto tipo baga, vermelha quando madura.
- Ocorre principalmente na região Sudeste do Brasil; é mais freqüente em solos arenosos do cerrado, onde existem também outras espécies deste gênero muito semelhantes a esta planta e que apresentam as mesmas propriedades medicinais; reproduz-se por sementes e rizomas; utilizam-se as raízes e as folhas.
- Sinônimos: japicanga, salsaparrilha-do-campo, entre outros.

Jatobá (*Hymenaea courbaril* L. — *Leguminosae*)

- Árvore de porte grande, muito esgalhada e frondosa.
- Folhas compostas de 2 folíolos de tamanho mediano, mais ou menos falciformes, glabros, lustrosos.
- Flores esbranquiçadas ou avermelhadas, bastante grandes, em pequenas panículas terminais. Vagem oblonga, cerca de 10 cm de comprimento, castanho-avermelhada, com valvas espessas e pesadas, 3 a 6 sementes, cobertas de polpa amarelo-pálida, adocicada, comestível.

- De origem desconhecida, possui seu hábitat nas matas de terra firme, em solo argiloso; reproduz-se por sementes; utilizam-se as cascas do tronco, a resina extraída do tronco por perfuração, e a polpa dos frutos.
- Sinônimos: jataí, jataí-açu, jutaici e jataíba, entre outros.

Licopódio (*Lycopodium cernuum* L. — *Lycopodiaceae*)

- Planta subarbustiva, de hastes compridas e ramosas; forma piramidal-estratificada.
- Folhas verde-claras, um pouco arqueadas nas extremidades, lanceoladas, alternando as superiores com as inferiores.
- Planta cosmopolita tropical; vegeta de preferência nos lugares sombrios; utiliza-se a parte aérea.
- Sinônimos: pinheirinho-do-campo, pinheirinho-do-jardim, pinheiro, pé-de-macaco.

Mandioca (*Manihot esculenta* Crantz — *Euphorbiaceae*)

- Planta perene, arbustiva, ereta, atinge até 3 m de altura, caules nodosos com ramos avermelhados ou esbranquiçados; possui tubérculos radiculares grossos, de até 1 m de comprimento e 40 cm de diâmetro, ricos em amido.
- Folhas grandes, membranáceas, sem pêlos e verde-claras na face superior; azuladas e com pêlos nas nervuras, na inferior.
- Inflorescência em forma de cachos, de cálice amarelado.
- Praticamente cultivada em todo o país; reproduz-se por meio de pedaços de ramos maduros; utilizam-se os tubérculos, dos quais se extrai a farinha de mandioca, e as folhas maduras, nem novas nem velhas.
- Sinônimos: aipim, macaxeira, mandioca-amarga, mandioca-brava, maniba, entre outros.

Mandioquinha (*Arracacia xanthorrhiza* Bancr. — *Umbeliferae*)

- Planta semiperene, herbácea, atinge até 60 cm de altura.

- Folhas pinadas, serreadas, de lobos acuminados.
- Flores de pétalas lanceoladas ou ovadas, inteiras.
- Originária da América Central, cultivada entre nós principalmente nos Estados do sul e sudeste: Paraná, Santa Catarina, São Paulo e Minas Gerais; prefere os lugares altos (de 1.700 a 2.500 m de altitude) e de clima temperado; floresce na primavera/verão; reproduz-se por meio de mudas retiradas de touceiras vigorosas e sadias; utilizam-se as folhas e as raízes.
- Sinônimos: mandioquinha-salsa, batata-baroa, batata-salsa, baroa, batata-fiúza, cenoura-amarela, entre outros.

Manjericão (*Ocimum basilicum* L. — *Labiatae*)

- Planta herbácea, ramificada, atinge até 60 cm de altura.
- Folhas simples, opostas, ovais.
- Flores brancas e levemente rosadas, labiadas, em cachos terminais espiciformes.
- Originária da Ásia e África; reproduz-se por sementes ou estaquia; utilizam-se as folhas.
- Sinônimos: alfavaca, basilicão, manjericão-da-folha-larga, entre outros.

Marcela (*Achyrocline satureioides* — *Compositae*)

- Planta perene, herbácea, ereta, de 60 a 120 cm de comprimento; caule revestido de suave lanugem branca.
- Folhas afiladas, dispostas alternadamente, esbranquiçadas, de 8 a 12 cm de comprimento e 10 a 20 mm de largura.
- Flores amarelo-brilhantes, reunidas em inflorescências no ápice dos ramos e nas axilas das folhas, formando numerosos grupos de muitas flores cada um.
- Vegeta em quase todo o país; floresce em fins de outono; reproduz-se por sementes; utilizam-se as inflorescências.
- Sinônimos: marcela-do-campo, macela, macelinha, entre outros.

Mastruz (*Lepidium pseudodydimum* Thell. — *Cruciferae*)

- Planta anual, herbácea, aromática; caule muito ramificado, prostrado e estendido radialmente, de 15 a 30 cm de comprimento.
- Folhas dispostas alternadamente, compostas, as superiores quase sésseis, as inferiores longo-pecioladas.
- Flores pequenas, branco-esverdeadas, dispostas em inflorescências axilares ou terminais tipo cacho.
- Planta de origem européia, aclimatada no Brasil, vegeta principalmente nos Estados do sul, incluindo o sul de Minas Gerais e do Mato Grosso do Sul; floresce no inverno/primavera; reproduz-se por sementes; utiliza-se a parte aérea da planta.
- Sinônimos: mastruço, mentruz, entre outros.

Mentrasto (*Ageratum conyzoides* L. — *Compositae*)

- Planta anual, herbácea, ereta, de 30 a 80 cm de comprimento; caule revestido de pêlos alvos; aromática.
- Folhas opostas, membranáceas, cobertas de pêlos, de 4 a 9 cm de comprimento.
- Flores de coloração rósea ou esbranquiçada, reunidas em inflorescências no ápice dos ramos e inseridas num eixo comum.
- Vegeta em quase todo o país, nas regiões tropicais e subtropicais, habitando terrenos desde úmidos até secos e elevados; é uma planta ruderal; floresce predominantemente na primavera/verão; reproduz-se por sementes; utiliza-se a planta toda, florida.
- Sinônimos: erva-de-são-joão, maria-preta, picão-roxo, entre outros.

Mil-folhas (*Achillea millefolium* L. — *Compositae*)

- Planta herbácea, vivaz, de rizomas delgados e fibrosos; os caules aéreos alcançam de 60 a 80 cm.

- Folhas discretas e partidas em segmentos muito estreitos que tornam a se dividir.
- Inflorescência do tipo corimbo de flores brancas ou róseas.
- Planta de clima subtropical a temperado, bem aclimatada no Brasil; tolera climas secos, não tolera excesso de umidade; floresce de outubro a março; reproduz-se facilmente por rizomas; utiliza-se a planta toda, florida.
- Sinônimos: alevante, aquiléa, levante, mil-em-rama, mil-flores, entre outros.

Mulungu (*Erythrina mulungu* — *Leguminosae*)

- Árvore de grande porte, com o tronco e os ramos aculeados.
- Folhas trifoliadas com folíolos romboédrico-arredondados.
- Flores vermelhas, disposta em racemos. Vagem pequena, um tanto curva, com 1 a 2 sementes vermelhas.
- Originária do Brasil e América Central, ocorre desde a América Central até Minas Gerais; reproduz-se por sementes; utilizam-se as cascas do tronco. Existem diversas variedades do gênero *Erythrina*, e todas com propriedades semelhantes.
- Sinônimos: flor-de-coral, árvore-de-coral, entre outros.

Nabo (*Brassica napus* L. — *Cruciferae*)

- Hortaliça de ciclo anual ou bianual, herbácea; possui raízes fusiformes, arredondadas ou cilíndricas, de coloração geralmente branca ou arroxeada.
- Folhas de coloração verde-clara, azulada, as inferiores bem recortadas e as superiores mais longas que largas.
- Flores grandes, amarelo-ouro.
- Cultivada no país, principalmente no sudeste; reproduz-se por sementes; utilizam-se as raízes e as folhas.
- Sinônimos: couve-nabeira, couve-nabo.

Ora-pro-nóbis (*Pereskia aculeata* Mill — *Compositae*)

- Planta arbustiva, trepadeira, ascendente por meio de espinhos.

- Folhas lanceoladas, quase sésseis, sem pêlos, com dois pequenos espinhos.
- Flores branco-róseas, dispostas em pequenas panículas terminais.
- Fruto tipo baga, pequeno, amarelo e anguloso.
- O gênero *Pereskia* compreende cerca de 20 espécies arbustivas, sendo que esta constitui uma exceção na família das cactáceas, pelo fato de possuir folhas; planta muito cultivada no país, desde o Estado da Bahia até o Rio Grande do Sul; floresce no outono/inverno; reproduz-se por sementes e estaquia; utilizam-se as folhas.
- Sinônimos: desconhecem-se.

Orégano (*Origanum vulgare* L. —*Labiatae*)

- Planta perene, caule pardo-avermelhado, de 25 a 40 cm de altura.
- Folhas pequenas, inteiras, opostas, ovais, verde-escuras e pubescentes na face inferior.
- Flores púrpuras, rosadas ou brancas. Fruto tetraquênio, ovóide-oblongo, liso e seco.
- Originária do Mediterrâneo Oriental, aclimatada no Brasil; de climas temperados, prefere terrenos férteis e sol pleno; multiplica-se por sementes, estaquia e divisão de touceiras; usado como condimento; utilizam-se as folhas.
- Sinônimos: manjerona-brava, manjerona-selvagem, oregão.

Panta-rei (*Villaresia congonha* Miers — *Icacinaceae*)

- Árvore de pequeno porte, casca amarelada, bastante fendida, rugosa e pouco espessa, de ramos cilíndricos.
- Folhas dispostas alternadamente, grandes, com 10 cm de comprimento e 5 cm de largura, coriáceas, rígidas lanceoladas, grossas, brilhantes na face superior e pálido-opacas na inferior, com nervuras bem salientes e um tanto quebradiças quando secas.

- Flores pequenas, dispostas em cachos axilares e terminais.
- Fruto tipo drupa.
- Árvore de rápido crescimento, ocorre na região Sul, estendendo-se a Minas Gerais e Goiás; floresce na primavera/verão; reproduz-se por sementes; utilizam-se as folhas.
- Sinônimos: chá-de-bugre, congonha-de-bugre, congonha-do-sertão, falso-mate, erva-de-anta, entre outros.

Pelargônio (*Pelargonium graveolens* Art. — *Geraniaceae*)

- Planta perene, lenhosa, semelhante ao gerânio.
- Folhas alternas, estipuladas, palmatilobadas, com os lobos pinatífidos, pubescentes, fortemente aromáticas.
- Flores pedunculadas, pequenas, roxas ou róseas.
- Originária da África, é cultivada como planta ornamental; multiplica-se por estaquia.
- Sinônimos: malva-de-cheiro, gerânio-crespo e malva-rosa.

Persicária (*Polygonum persicaria* L. — *Polygonaceae*)

- Planta anual, subereta ou decumbente, ramificada; caule de coloração avermelhada, de 30 a 90 cm de altura.
- Folhas alternas, elíptico-lanceoladas, lisas, de 5 a 15 cm; geralmente possuem uma mancha escura próxima ao centro.
- Flores dispostas em inflorescências axilares e terminais, em racemos densos, de coloração rósea ou púrpura-clara.
- De origem européia, é mais freqüente na região sul do país; apresenta nítida preferência por solos úmidos; floresce o ano inteiro; utilizam-se as sementes em germinação.
- Sinônimos: erva-de-bicho, persicária-de-pé-vermelho, entre outros.

Poncã (*Citrus reticulata* Blanco — *Rutaceae*)

- A árvore de poncã possui porte típico, folhas lanceoladas, alternas.

- Frutos de forma achatada, com 5 a 8 sementes; casca de cor alaranjada forte, espessura média e vesículas de óleo salientes; polpa de cor alaranjada e textura frouxa.
- Originária provavelmente da Índia, devido às suas boas qualidades espalhou-se rapidamente através do Oriente; maturação dos frutos de meia-estação, de maio a julho.
- Usam-se as cascas para extração de óleo.
- Sinônimos: tangerina poncã, entre outros.

Quebra-pedra (*Phyllanthus niruri* L. — *Euphorbiaceae*)

- Planta anual, herbácea, ereta, desprovida de pêlos; caule ramificado, de 20 a 50 cm de altura.
- Folhas dispostas alternadamente, curto-pecioladas, com nervuras claras na face dorsal, de 5 a 10 mm de comprimento.
- Flores pequenas, creme-esverdeadas, unissexuais, axilares e isoladas.
- Ocorre praticamente em todos os Estados do Brasil, vegetando sobretudo em locais úmidos e preferindo as regiões tropicais e equatoriais; floresce durante quase todo o ano; reproduz-se por sementes; utiliza-se a parte aérea da planta. Há outras espécies do gênero *Phyllanthus* que apresentam propriedades semelhantes entre si.
- Sinônimos: arranca-pedra, arrebenta-pedra, erva-pombinha, saxifraga, entre outros.

Rosmarinho (*Rosmarinus officinalis* L. — *Labiatae*)

- Planta perene, arbustiva, ramificada, ereta, atinge até 2 m de altura; caules jovens quadrangulares.
- Folhas afiladas, opostas, lineares, esbranquiçadas na face inferior e verde-escuras na superior, fortemente aromáticas.
- Flores de azul-claras a esbranquiçadas, reunidas em inflorescências axilares, fortemente aromáticas.
- Originário da Europa, pode vegetar em todo o país; prefere

terrenos pedregosos e arenosos; pode florescer o ano inteiro; utilizam-se as folhas e inflorescências.

- Sinônimos: alecrim-de-jardim, alecrim-da-horta, rosmaninho, entre outros.

Rubim (*Leonurus sibiricus* L. — *Labiatae*)

- Planta anual ou bianual, porte herbáceo ou subarbustivo; ereta, aromática, ramificada, de 40 a 120 cm de comprimento.
- Folhas longo-pecioladas, palmatipartidas ou profundamente trilobadas, levemente pubescentes em ambas as faces.
- Flores dispostas em inflorescências axilares, densamente congestas, de coloração purpúrea.
- Originária da Ásia, porém completamente naturalizada no Brasil; prefere solos argilosos e é muito freqüente em cafezais e culturas anuais; floresce no verão e outono; utilizam-se as sementes em germinação.
- Sinônimos: erva-macaé, macaé, marroio, entre outros.

Serralha (*Sonchus oleraceus* L. — *Compositae*)

- Planta herbácea, anual, lactescente, atinge até 1 m de altura.
- Folhas oblongas, sésseis, azuladas na face superior.
- Flores amarelas e brilhantes.
- Originária da Europa; adapta-se bem a diversos tipos de solos e prefere luz plena; multiplica-se por sementes; utilizam-se as folhas.
- Sinônimos: chicória-brava, serralha-lisa, serralheira, entre outros.

Soja (*Glycine max* Merril. — *Leguminosae*)

- Planta anual, herbácea, de caule ramoso e pubescente.
- Folhas longo-pecioladas, com 3 folíolos cordiformes, bem desenvolvidos.

- Flores axilares, sésseis, brancas, amarelas ou violáceas, reunidas em cachos curtos.
- Vagem ligeiramente arqueada, híspida, com 1 a 5 sementes; sementes lisas, ovais ou ligeiramente comprimidas, de hilo quase sempre castanho, mas também de outras colorações conforme a variedade.
- Originária da China e sul do Japão, cultivada há milênios na Ásia Oriental e hoje disseminada, em larga extensão, pelas regiões tropical e subtropical; existem mais de 300 variedades de soja; floresce de acordo com o ciclo vegetativo das espécies; utilizam-se os grãos.
- Sinônimos: feijão-china, feijão-soja, feijão-japonês.

Tabaco (*Nicotiana tabacum* L. — *Solanaceae*)

- Planta anual, herbácea, ereta, atinge até 2 m de altura; caule cilíndrico, revestido de pêlos, simples ou pouco ramificados na parte superior.
- Folhas dispostas alternadamente, de 30 a 60 cm de comprimento e 9 a 12 cm de largura.
- Flores róseas ou vermelhas, em forma de funil e reunidas em inflorescências no ápice dos ramos, em cachos.
- Vegeta em quase todos os Estados do país; embora seja uma planta tropical, adapta-se a quaisquer climas; floresce na primavera/verão; reproduz-se por sementes; utilizam-se as folhas.
- Sinônimo: fumo.

Tarumã (*Vitex taruma* L. — *Verbenaceae*)

- Árvore de porte médio.
- Folhas 5 folioladas; folíolos coriáceos, desiguais, lanceolados e elíticos.
- Flores subsésseis, corola violácea ou alva, externamente denso-lanuginosa; flores em cimeira, com o pedúnculo igual ao comprimento do pecíolo. Fruto tipo drupa sucosa, comestível.

- Árvore bela, melífera, ocorre da Bahia até o Rio Grande do Sul; frutos mucilaginosos e peitorais, comestíveis, fornecem óleo medicinal; reproduz-se por sementes; utilizam-se as folhas.
- Sinônimos: azeitona-do-mato, azeitona-brava, cinco-folhas, tarumã-romã, entre outros.

Topinambur (*Helianthus tuberosus* L. — *Compositae*)

- Planta herbácea, caules com no máximo 3 m de altura, eretos, ramosos, rudes ao tocar.
- Folhas alternas, pecioladas, triplinervadas, ásperas, denteadas; as inferiores ovais, recortadas em feitio de coração, as superiores ovais acuminadas, pecíolos ciliados na base.
- Inflorescências em forma de capítulo, com disco amarelo.
- Fornece raízes tuberosas comestíveis; reproduz-se por sementes ou pelos tubérculos.
- Sinônimos: tupinambor, tupinambo, girassol-de-batatas, entre outros.

Trapoeraba (*Commelina nudiflora* L. — *Commelinaceae*)

- Planta perene, herbácea, semiprostrada, caules semi-suculentos e glabros, de 40 a 80 cm de comprimento.
- Folhas lanceoladas, membranáceas, glabras, com bordos levemente sinuosos, de 7 a 12 cm de comprimento.
- Inflorescências terminais, compostas de 2 a 4 flores nuas, pediceladas, de coloração azul.
- Vegeta em quase toda a região litorânea do país; apresenta nítida preferência por solos férteis e sombreados; infesta lavouras anuais e perenes, jardins e margens de canais; reproduz-se por sementes e por enraizamento do caule.
- Sinônimos: capim-gomoso, grama-da-terra, trapoeraba-azul, trapoerabana, entre outros.

Urucum (*Bixa orellana* L. — *Bixaceae*)

- Planta arbustiva de tronco ereto, atinge até 5 m de altura.
- Folhas dispostas alternadamente, elípticas, cordiformes na base, sem pêlos em ambas as faces.
- Flores grandes, vermelhas, brancas e róseas, dispostas em panículas.
- Fruto tipo cápsula grande, pardacenta, vermelho-pálido ou roxo-escuro, revestido de espinhos moles e inofensivos, com numerosas sementes vermelhas.
- Planta nativa da América Tropical, encontrada das Guianas até a Bahia e cultivada em todos os Estados brasileiros; floresce no verão; reproduz-se por sementes e estaquia; utilizam-se as sementes.
- Sinônimos: açafroa, açafroeira-da-terra, urucu, entre outros.

Vernônia (*Vernonia polyanthes* Less. — *Compositae*)

- Planta perene, arbustivo-arbórea, ereta, de 1 a 3 m de altura; caule pouco ramificado, acinzentado e coberto de pêlos.
- Folhas dispostas alternadamente, de 14 a 18 cm de comprimento e 2 a 5 cm de largura.
- Flores pequenas, de cor branca ou lilás-clara, muito aromáticas, reunidas em inflorescências no ápice dos ramos, em cachos.
- Vegeta no centro-oeste, sul e sudeste do país, indo até a Bahia; floresce de janeiro a abril; reproduz-se por sementes; utilizam-se as folhas e as inflorescências.
- Sinônimos: assa-peixe, cambará-branco, cambará-guaçu, entre outros.

Índice geral de sintomas, doenças e seus tratamentos

Doenças e sintomas	Tratamento(s) sugerido(s)	Pág.
Abstinência sexual	Datura	188
	Polyanthes	210
Agressão auto-imune da estrutura renal	Tonambur	215
Alcoolismo	Auronic	132
Alergias	Dermaton	189
Anabolismo	Uru-Vita	216
Anemias	Uru-Vita	216
Aneurismas	Poncã	211
Angiomas	Poncã	211
Apegos	Phoranna	205
Arritmia cardíaca	Rosmarinho	85, 96
Arteriosclerose	Plummel	209
Arteriosclerose cerebral	Plummel	209
Artrites	Anccor	179
	Litolítica	195
Artroses	Anccor	179
	Litolítica	195
Asma	Pelargônio	99, 102, 201
	Baccharis e Barbatimão	100
Astigmatismo	Chá regenerador dos olhos	183
	Exercícios de alongamento da musculatura ocular	121-125
Bronquite		
Alérgica	Baccharis e Barbatimão	99-100
Asmática	Baccharis e Barbatimão	99-100

Cãibras .... Lepdon 192
Cálcio
Deficiência de .... Napus/Silimel 198
Distúrbios do metabolismo ..... Napus/Silimel 198
Câncer de pele .... Crotonlic 69-70, 79
Carências minerais .... Alfafa/Silimel 170-171, 178
Helianthus/Silimel 170, 191
Napus/Silimel 171, 198
Cargas psíquicas,
transmutação das .... Tonambur 215
Castidade física .... Datura 188
Polyanthes 210
Catarata .... Chá regenerador dos olhos 182
Exercícios de alongamento da
musculatura ocular 121-125
Cicatrização óssea .... Napus/Silimel 198
Climatério, distúrbios do .... Lepidium/Nasturtium 193
Cólicas abdominais .... Baccharis/Chamomila 181
Concentração, falta de .... Plummel 209
Condicionamentos .... Phoranna 205
Coragem, falta de .... Anccor 179
Cristalização emocional-mental Phoranna 205

Deficiências cardíacas .... Rosmarinho 213
Deformações intestinais .... Nicotiana TM 199
Degeneração vascular .... Nicotiana TM 198
Poncã 211
Depressão .... Phorannia 206
Depuração do sangue .... Litolítica 195
Dermatomiosite .... Myoton 196
Desânimo .... Phorannia 206
Desgaste orgânico .... Alfafa/Silimel 169, 178
Uru-Vita 216
Desmineralização orgânica .... Alfafa/Silimel 169, 178
Helianthus/Silimel 191
Napus/Silimel 198
Desvitalização .... Alfafa/Silimel 169, 178
Uru-Vita 216
Diabetes .... Tonambur 215
Disfunsões digestivas .... Nicotiana TM 199
Dispepsias .... Baccharis/Chamomila 181
Distúrbios
Da voz .... Argila/Persicária 180

De acomodação
dos olhos .... Chá regenerador dos olhos 183
Exercícios de alongamento da
musculatura ocular 121-125
Digestivos .... Baccharis/Chamomila 181
Diurese, estimulação da .... Litolítica 195
Doenças
Consumptivas .... Uru-Vita 216
Degenerativas dos olhos .... Chá regenerador dos olhos 182
Exercícios de alongamento da
musculatura ocular 121-125

Energia emocional-psíquica,
congestão de .... Phoranna 205
Energia no corpo etérico,
congestão de .... Phorannia 206
Energia sexual
Feminina, sublimação da .... Datura 111, 113, 188
Masculina, sublimação da .... Polyanthes 103, 108, 210
Enfermidades cardíacas .... Pelargônio 201
Enxaqueca .... Compressa de óleo de
poncã na nuca 90
Compressa de óleo de
poncã na testa 90
Essência de poncã 85
Poncã 211
Epitélio renal, lesão do .... Tonambur 214
Esclerose,
dissolução da tendência à ... Anccor 179
Plummel 209
Espasmos musculares .... Lepdon 192, 196

Faringite .... Argila/Persicária 180
Fígado
Desgaste do .... Chá triflores 186
Patologias do .... Chá triflores 186
Regeneração e
revigoramento do .... Chá Triflores 185
Fósforo, deficiência de .... Helianthus/Silimel 170, 191
Fratura .... Napus/Silimel 127, 198

Gases abdominais .... Baccharis/Chamomila 181
Glaucoma .... Chá regenerador dos olhos 182

Gota .... Anccor 179
Litolítica 195

Hábitos .... Phorannia 206
Hiperglicemia .... Tonambur 215
Hipermetropia .... Chá regenerador dos olhos 183
Exercícios de alongamento da musculatura ocular 121-125
Hipoglicemia .... Tonambur 215

Inércia, dissolução da .... Phoranna 205
Phorannia 206
Plummel 209

Insuficiência
Digestiva .... Bacchans/Chamomila 181
Tonambur 215
Renal .... Tonambur 215
Iodo, deficiência de .... Lepidium/Nasturtium 193

Laringite .... Argila/Persicária 180
Litíases .... Anccor 179
Litolítica 195

Manias .... Phorannia 206
Medo, dissolução do .... Carbolyc 126-127, 130-131
Memória, falha de .... Plummel 209
Miopia .... Chá regenerador dos olhos 183
Exercícios de alongamento da musculatura ocular 121-125
Motivação, falta de .... Anccor 179
Musculatura
Atrofia, distrofia e flacidez ...... Myoton 196
Descongestionamento e desbloqueio de energia .... Lepdon 192
Doenças auto-imunes da .... Myoton 196
Estruturação e revitalização da Myoton 196
Quadros degenerativos .... Myoton 196

Obstipação intestinal .... Baccharis/Chamomila 181
Olhos .... Compressa com óleo de poncã 199
Compressa de Nicotiana TM .. 199
Compressa regeneradora 183

Degeneração da
musculatura dos .... Exercícios de alongamento da musculatura ocular 121-125
Nicotiana TM 199
Poncã 211
Distúrbios de acomodação ...... Chá regenerador dos olhos 183
Exercícios de alongamento da musculatura ocular 121-125
Doenças auto-imunes dos ...... Chá regenerador dos olhos 182
Exercícios de alongamento da musculatura ocular 121-125
Doenças degenerativas dos ..... Chá regenerador dos olhos 182
Exercícios de alongamento da musculatura ocular 121-125

Osteomalacia .... Napus/Silimel 198
Osteoporose .... Napus/Silimel 198

Pâncreas
Deficiências constitucionais do Tonambur 215
Desvitalização do .... Tonambur 215
Regeneração, revitalização e
tonificação do .... Tonambur 215
Pele, manifestações alérgicas da Dermaton 189
Picadas de insetos .... Dermaton 189
Proteinúria .... Tonambur 215

Raquitismo .... Napus/Silimel 198
Rede vascular, restauração da .. Poncã (essência) 211
Retinopatias .... Chá regenerador dos olhos 182
Exercícios de alongamento da musculatura ocular 121-125
Reumatismos .... Anccor 179
Litolítica 195

Sistema renal, tonificação do ..... Litolítica 195
Sobrecargas e tensões nervosas Chá triflores 186
Sobrecargas intelectuais e mentais Tonambur 215
Sublimação da energia sexual
Feminina .... Datura 188
Masculina .... Polyanthes 210

Tabagismo .... Auronic 132

Tendência fleumática e melancólica	Phorannia	206
Tensão muscular	Lepdon	192
Tireóide		
Deficiência de iodo	Lepidium/Nasturtium	193
Processos inflamatórios e degenerativos	Argila/Persicária	180
	Lepidium/Nasturtium	193
	Pirita/Persicária	208
Tônus vital, falta de	Anccor	179
Tônus vital-psíquico, falta de	Chá triflores	186
Traqueíte	Argila/Persicária	180
Tumores	Anccor	179
Urticárias	Dermaton	189
Vista cansada, congestionada, irritada, tensa	Chá regenerador dos olhos	183
	Exercícios de alongamento da musculatura ocular	121-125
Vontade, falta de	Anccor	179
Voz, distúrbios da	Pirita/Persicária	208

Índice remissivo

Abstinência sexual 188, 210
Achillea millefolium
  Identificação botânica 242
Achyrocline satureioides 182, 185
  Identificação botânica 241
Ácido fórmico natural 178
Açúcar 65, 208
Ageratum conyzoides
  Identificação botânica 242
Aglomerados psíquicos densos 91
Agressão auto-imune da estrutura renal 215
Agrião 192
  Identificação botânica 227
Alcoolismo 132
Alecrim-do-campo 72, 119, 182, 185
  Identificação botânica 227
Alergias 189
Alfafa 153-154, 158, 161, 164, 166
  Identificação botânica 228
Alfafa composta........ 166-167, 176
Alfafa/Silimel 166, 169-171, 176, 191, 197, 219
  Atuação 176
  Composição 176
  Forma de preparo 176
  Formas de uso/Posologia 178
  Indicações 177
Amarelinha 42, 45, 214
  Figura 42
  Identificação botânica 228
Anabolismo 216
Anccor 178, 219
  Atuação 178
  Composição 178

Forma de preparo 178
Formas de uso/Posologia 179
Indicações 179
Ancoragem da essência espiritual do ser 178
Anemias 216
Aneurismas 93-94, 211
Angiomas 93-94, 211
Apegos 205
Apisinum 178
Aranha 75, 78
Arannaeus sp. (aranha-doméstica) 195
Arctium lappa 193
Identificação botânica 229
Argentit .... vide *Argentum sulfuratum*
Argentum sulfuratum 167, 169, 171, 176, 190, 197, 215-216
Argila 179-180
Argila/Persicária 179, 219
Atuação 180
Composição 179
Forma de preparo 180
Formas de uso 180
Indicações 180
Arracacia xanthorrhiza
Identificação botânica 240
Arritmia cardíaca 85, 96
Arteriosclerose 209
Arteriosclerose cerebral 64, 209
Artrites 179, 195
Artroses 179, 195
Asma 99-100, 102, 201
Assa-peixe .... vide *Vernônia*
Astigmatismo 121-125, 183
Auronic 131
Aurum/Leonotis 145, 180, 208

Baccharis dracunculifolia 182, 185
Identificação botânica 227
Baccharis 100, 102, 181, 188, 201, 204
Baccharis trimera
Identificação botânica 232
Baccharis/Chamomila 181, 219
Atuação 181
Composição 181
Forma de preparo 181

Formas de uso/Posologia 181
Indicações 181
Banisteria argyrophylla 193
Identificação botânica 233
Barbatimão 100, 102, 201, 204
Identificação botânica 229
Bardana 153, 193-194
Identificação botânica 229
Batata-doce 154, 158, 161
Identificação botânica 230
Bixa orellana 215
Identificação botânica 250
Brassica napus
Identificação botânica 243
Bromélias 56
Bronquite
Alérgica 99-100
Asmática 99-100

Câibras 79, 192
Cajanus cajan
Identificação botânica 237
Cálcio 165, 171, 197
Deficiência de 171, 198
Distúrbios do metabolismo 198
Cambará 55, 57-58, 60, 62, 204-205
Figura 55
Identificação botânica 230
Camomila 181, 187
Identificação botânica 230
Câncer de pele 69-70, 79
Capim-cidreira 85, 119, 182
Identificação botânica 231
Capim-gordura 153, 158, 161, 164, 166
Identificação botânica 231
Carbolyc 126-127, 131
Carbolyc S4 128
Carências minerais 170-171, 178, 191, 198
Cargas psíquicas, transmutação das 56, 215
Cáries dentárias 127
Carqueja 100, 181, 187-189, 201
Identificação botânica 232
Casca de ovo 170
Castidade física 188, 210

Casulo de borboleta 77-78, 191-192
Catarata 182
Cecropia peltata 178, 182
  Identificação botânica 235
Centeio 169
Cevada 168, 177
Chá regenerador dos olhos 119, 121, 182, 220
  Atuação 182
  Composição 182
  Compressa 183
  Forma de preparo 182
  Formas de uso 183
  Indicações 182
Chá triflores 185-187, 220
  Atuação 185
  Composição 185
  Compressa 186
  Forma de preparo 185
  Formas de uso 186
  Indicações 186
Chapéu-de-couro 193-194
  Identificação botânica 232
Chumbo 64-65, 208
Cicatrização óssea 198
Cipó-cabeludo 193-194
  Identificação botânica 233
Cipó-prata 193-194
  Identificação botânica 233
Cipreste 85
Citrus reticulata Blanco 182, 211
  Identificação botânica 245
Climatério, distúrbios do 193
Cobre 167, 176
Cólicas abdominais 181
Commelina nudiflora 194
  Identificação botânica 249
Concentração, falta de 65, 209
Condicionamentos 205
Confrei 170
  Identificação botânica 233
Coragem, falta de 179
Cordão-de-frade 145, 187
  Identificação botânica 234
Corpos estranhos 48

Corrente sangüínea 178-179
Cristal-de-rocha 168, 177
Cristalização
  Emocional-mental 205
  Sensível, método 44
Crotonlic 69, 72
Cuprum carbonicum 167, 169, 171, 176, 190, 197, 215
Cuprum/Leonorus 145, 180, 208
Cymbopogon citratus 182
  Identificação botânica 231

Datura 111, 113-114, 187, 220
  Atuação 188
  Composição 187
  Figura 112
  Forma de preparo 187
  Formas de uso/Posologia 188
  Identificação botânica 234
  Indicações 188
Datura wrightii 187
  Identificação botânica 234
Deficiências cardíacas 213
Deformações intestinais 199
Degeneração vascular 198, 211
Depressão 206
Depuração do sangue 195
Dermatomiosite 73, 211
Dermaton 188, 220
  Atuação 189
  Composição 188
  Forma de preparo 189
  Formas de uso/Posologia 190
  Indicações 189
Desânimo 206
Desequilíbro emocional-mental 47
Desgaste orgânico 169, 178, 216
Desmineralização
  Orgânica 169, 178, 191, 198
  Óssea 127
Desvitalização 169, 178, 216
Diabetes 45, 47, 215
Dinamização das substâncias 137
Disfunsões digestivas 199
Dispepsias 181

Distúrbios
Da voz ... 180
De acomodação dos olhos ... 121-125, 183
Digestivos ... 181
Ortomoleculares ... 127
Diurese, estimulação da ... 195
Doenças
Auto-imunes ... 73
Consumptivas ... 216
Degenerativas dos olhos ... 121-125, 182

Echinodorus grandiflorus ... 193
Identificação botânica ... 232
Embaúba ... 119, 178, 182
Identificação botânica ... 235
Energia
Corpo etérico, congestão de ... 206
Emocional-psíquica, congestão de ... 205
Sexual feminina, sublimação da ... 111, 113, 188
Sexual masculina, sublimação da ... 103, 108, 210
Enfermidades cardíacas ... 96, 201
Enxaqueca ... 85, 87-91, 94, 211
Epífitas, plantas ... 56
Epitélio renal, lesão do ... 48, 214
Erva-de-passarinho ... 55-58, 60, 62, 204, 206
Figura ... 55
Identificação botânica ... 235
Ervas aromáticas ... 154-155
Erythrina mulungu ... 201
Identificação botânica ... 243
Erythrina TM ... 102, 201, 204
Esclerose, dissolução da tendência à ... 64, 179, 209
Espasmos musculares ... 77, 79, 192, 196
Eucalipto ... 85, 119, 182
Identificação botânica ... 236
Eucaliptus citriodora ... 182
Identificação botânica ... 236
Exercícios de alongamento da musculatura ocular ... 121-125
Acomodação dinâmica ... 123
Alongamento dinâmico ... 122
Alongamento estático ... 121
Empalmar ... 123
Olhar para o céu ... 123
Pestanejar ... 123

Faringite 180
Favo de abelhas 208-209
Ferro 158-160, 167-168, 176-177
Ferrum sidereum 168-169, 171, 176, 190, 197, 215
Ferrum sulfuricum 207
Fígado 185-187
  Desgaste do 186
  Patologias do 186
  Regeneração e revigoramento do 185
Fósforo, deficiência de 165, 169-170, 191
Fratura 127, 198
Frustrações 201

Gases abdominais 181
Gervão 187
  Identificação botânica 236
Girassol 167, 169, 176
  Identificação botânica 236
Glaucoma 182
Glycine max
  Identificação botânica 247
Goiabeira 157-158, 160-161, 164
  Figura 156-157
  Identificação botânica 237
Gota 179, 195
Guandu 153-154, 158, 161, 164, 166
  Identificação botânica 237

Hábitos 206
Helianhus annuus
  Identificação botânica 236
Helianthus 167, 170-171, 176, 190, 197
Helianthus composto 165, 169, 190
Helianthus tuberosus 214
  Identificação botânica 249
Helianthus/Silimel 166, 169-170, 190, 220
  Atuação 191
  Composição 190
  Forma de preparo 191
  Formas de uso/Posologia 191
  Indicações 191
Hemovita 167, 170-171, 176-177, 190, 197
Hiperglicemia 215

Hipermetropia 120-121, 183
Hipófise, glândula 180, 208
Hipoglicemia 47, 215
Hortelã-crespa 85, 153-154, 158, 161, 164
  Identificação botânica 238
Hortelã-do-campo 187-189
  Identificação botânica 238
Hymenaea courbaril
  Identificação botânica 239
Hyptis suaveolens 188
  Identificação botânica 238

Inércia, dissolução da 205-206, 209
Insuficiência digestiva 47, 181, 215
Insuficiência renal 48, 215
Iodo, deficiência de 193
Ipomoea batatas
  Identificação botânica 230

Japecanga 194
  Identificação botânica 239
Jatobá 161, 164
  Figura 162-163
  Identificação botânica 239

Lantana camara 204
  Identificação botânica 230
Laringite 180
Leonotis nepetaefolia
  Identificação botânica 234
Leonurus sibiricus
  Identificação botânica 247
Lepdon 78, 191, 196, 220
  Atuação 192
  Composição 191
  Forma de preparo 192
  Formas de uso/Posologia 192
  Indicações 192
Lepidium pseudodydimum 192
  Identificação botânica 242
Lepidium/Nasturtium 192, 221
  Atuação 193
  Composição 192

Forma de preparo 193
Formas de uso/Posologia 193
Indicações 193
Levedo de Cerveja 167-168, 170-171, 176-177, 190, 197
Licopódio 127-129
Identificação botânica 240
Lípia 85
Litíases 179, 195
Litolítica 193, 221
Atuação 194
Composição 193
Forma de preparo 194
Formas de uso/Posologia 195
Indicações 195
Lycopodium cernuum
Identificação botânica 240

Malachit .... vide *Cuprum carbonicum*
Mandioca 154, 158, 161, 166
Identificação botânica 240
Mandioquinha 153-154, 164
Identificação botânica 240
Manias 206
Manihot esculenta
Identificação botânica 240
Manjericão 154, 158, 161
Identificação botânica 241
Marcela 72, 119, 182, 185
Identificação botânica 241
Mastruz 192
Identificação botânica 242
Matricaria chamomilla 181
Identificação botânica 230
Medicago sativa
Identificação botânica 228
Medicamentos, distribuição gratuita 147
Medo, dissolução do 126-127, 130-131, 186
Mel 65, 168, 177, 209
Melampodium divaricatum 214
Identificação botânica 228
Melinis minutiflora
Identificação botânica 231
Memória, falha de 209

Mentha crispa
Identificação botânica 238
Mentrasto 187
Identificação botânica 242
Metais vegetabilizados 144
Método da Diluição/Dinamização Serial (Método DDS) 137-138
Mikania hirsutissima 193
Identificação botânica 233
Mil-folhas 187
Identificação botânica 242
Minerais vegetabilizados 166
Miopia 120-121, 183
Motivação, falta de 179
Mulungu 201
Identificação botânica 243
Musculatura 73, 75, 77
Atrofia, distrofia e flacidez 196
Descongestionamento e desbloqueio de 78, 192
Doenças auto-imunes da 196
Estruturação e revitalização da 77, 196
Quadros degenerativos 196
Myoton 77-79, 192, 195-196, 221
Atuação 196
Composição 195
Forma de preparo 196
Formas de uso/Posologia 196
Indicações 196

Nabo 153, 170
Identificação botânica 243
Napus composto 165, 170-171, 197
Napus/Silimel 166, 170-171, 197, 221
Atuação 197
Composição 197
Forma de preparo 197
Formas de uso/Posologia 198
Indicações 197
Nasturtium officinale 192
Identificação botânica 227
Nicotiana tabacum 198
Identificação botânica 248
Nicotiana TM 198-200, 211
Atuação 198
Composição 198

Compressa para os olhos ... 199
Compressa sobre a testa ... 200
Forma de preparo ... 198
Formas de uso ... 199
Indicações ... 198
Nível S4 ... 136, 143, 145
Nutriente Vegetal 4 ... 152
Nutriente Vegetal 5 ... 154
Nutriente Vegetal 6 ... 155
Nutriente Vegetal 7 ... 158
Nutriente Vegetal 8 ... 161
Nutrientes vegetais ... 151

Obstipação intestinal ... 181
Ocimum basilicum
Identificação botânica ... 241
Okara ... 152-155
Olhos ... 117, 119, 183, 199
Degeneração da musculatura dos ... 121-125, 199, 211
Distúrbios de acomodação dos ... 119, 121-125, 183
Doenças auto-imunes dos ... 121-125, 182
Doenças degenerativas dos ... 120-125, 182
Ora-pro-nóbis ... 169
Identificação botânica ... 243
Orégano ... 164
Identificação botânica ... 244
Origanum vulgare
Identificação botânica ... 244
Orquídeas ... 56
Orysina ... 167-168, 170-171, 176-177, 190, 197
Osteomalacia ... 198
Osteoporose ... 127, 198

Pâncreas ... 42, 44-48, 214-215
Deficiências constitucionais ... 47, 215
Desvitalização do ... 215
Regeneração, revitalização e tonificação do ... 40, 215
Panta-rei ... 194
Identificação botânica ... 244
Parasitas, plantas ... 56
Pelargônio ... 85, 102, 200, 202
Figura ... 101
Identificação botânica ... 245

Pelargônio (essência) 99, 200, 202, 221
Atuação 200
Cataplasma de 102, 202
Composição 200
Forma de preparo 200
Formas de uso 202
Indicações 201
Pelargonium graveolens 200
Identificação botânica 245
Pele, manifestações alérgicas da 189
Pereskia aculeata
Identificação botânica 243
Persicária 144-145, 179-180, 207
Identificação botânica 245
Phoradendron rubrum 204, 206
Identificação botânica 235
Phoranna 54, 58, 60-62, 65, 204, 206, 209, 221
Atuação 205
Composição 204
Forma de preparo 204
Formas de uso/Posologia 205
Indicações 205
Phorannia 60, 62, 65, 205-206, 209, 222
Atuação 206
Composição 206
Forma de preparo 206
Formas de uso/Posologia 207
Indicações 206
Phyllantus niruri 194
Identificação botânica 246
Picadas de insetos 189
Pineal, glândula 180, 208
Pinho 85
Pirita 207
Pirita/Persicária 145, 180, 207-208, 222
Atuação 207
Composição 207
Forma de preparo 207
Formas de uso 208
Indicações 208
Plantas
Aromáticas 85
Epífitas 56
Parasitas 56

Plumbum metallicum 208
Plummel 64-65, 205-206, 208, 222
  Atuação 209
  Composição 208
  Forma de preparo 208
  Formas de uso/Posologia 209
  Indicações 209
Polyanthes 103, 108-109, 113-114, 210, 222
  Atuação 210
  Composição 210
  Forma de preparo 210
  Formas de uso/Posologia 210
  Indicações 210
Polygonum hydropiperoides 179, 207
Polygonum persicaria 179, 207
  Identificação botânica 245
Poncã 85, 90, 93, 119, 164, 182, 211
  Figura 86-87
  Identificação botânica 245
Poncã (essência) 85, 90, 182, 198-200, 211, 222
  Atuação 211
  Composição 211
  Compressa na cabeça (nuca e testa) 212
  Compressa para os olhos 199
  Forma de preparo 211
  Formas de uso 212
  Indicações 211
Prata 167, 176
Própolis 167, 177, 189
Proteinúria 48, 215
Psidium guayava
  Identificação botânica 237

Quebra-pedra 194-195
  Identificação botânica 246

Raquitismo 198
Rede vascular, restauração da 93-94, 211
Retinopatias 182
Reumatismos 179, 195
Rosmarinho 85, 154-155, 158, 161, 164, 213
  Figura 97
  Identificação botânica 246

Rosmarinho (essência) 96-97, 213, 223
  Atuação 213
  Composição 213
  Forma de preparo 213
  Formas de uso 213
  Indicações 213
Rosmarinus officinalle 213
  Identificação botânica 246
Rubim 145, 187
  Identificação botânica 247

Saccharum sacchari 208
Sal amargo 91
Sassafrás 85
Serralha 119, 182
  Identificação botânica 247
Siderit .... vide *Ferrum sidereum*
Silimel 167-168, 170-171, 176-177, 190, 197
Sistema renal, tonificação do 195
Smilax brasiliensis 194
  Identificação botânica 239
Sobrecargas e tensões nervosas 186
Sobrecargas intelectuais e mentais 215
Soja 152-153
  Identificação botânica 247
Sonchus oleraceus 182
  Identificação botânica 247
Stachytarphetta cayenensis
  Identificação botânica 236
Stryphnodendron barbatimao 201
  Identificação botânica 229
Sublimação da energia sexual
  Feminina 188
  Masculina 210
Symphytum officinalle
  Identificação botânica 233

Tabaco 95, 198
  Identificação botânica 248
Tabagismo 132
Tarumã 194-195
  Identificação botânica 248
Tendência fleumática e melancólica 206

Tensão
Muscular 79, 192
Psíquica 47, 88
Tireóide, glândula 180, 193, 207-208
Deficiência de iodo 193
Processos inflamatórios e degenerativos 180, 193, 208
Tonambur 40, 45-46, 48, 214, 223
Atuação 214
Composição 214
Forma de preparo 214
Forma de uso/Posologia 215
Indicações 214
Tônus vital, falta de 179
Tônus vital-psíquico, falta de 186
Topinambur 42, 44, 214
Figura 43-44
Identificação botânica 249
Trapoeraba 194-195
Identificação botânica 249
Traqueíte 180
Triflores, chá 72, 98, 185-186
Tumores 179

Urticárias 189
Urucum 159, 161, 164, 167-168, 170-171, 176-177, 190, 197, 215-216
Figura 159-160
Identificação botânica 250
Uru-Vita 215, 223
Atuação 216
Composição 215
Forma de preparo 215
Formas de uso/Posologia 216
Indicações 216

Vegetabilização 165-166
Veneno
Da abelha 178
Da aranha 77, 195
Da formiga 178
Vernonia polyanthes 185, 206, 210
Identificação botânica 250

Vernônia 62, 72, 103, 106-108, 185, 206, 210
Figura 104-105, 107
Identificação botânica 250
Villaresia congonha 194
Identificação botânica 244
Vista cansada, congestionada, irritada, tensa 120-125, 183
Vitex taruma 194
Identificação botânica 248
Vontade, falta de 179
Voz, distúrbios da 208